服务经济与管理文库

# 专利技术主题的知识网络研究

沈 君◎著

知识产权出版社
全国百佳图书出版单位

图书在版编目（CIP）数据

专利技术主题的知识网络研究 / 沈君著. —北京：知识产权出版社，2014.10
（服务经济与管理文库 / 罗润东主编）
ISBN 978-7-5130-2867-7

Ⅰ.①专… Ⅱ.①沈… Ⅲ.①专利技术—研究 Ⅳ.①G306.0

中国版本图书馆 CIP 数据核字（2014）第 170593 号

**内容提要**

专利计量是科学计量学的一个新的领域，应用于第三代移动通信技术领域的研究开辟了新的学术根据地。本书以知识网络、知识计量等理论为基础，提出了专利技术主题的知识网络研究路径，构建了专利技术主题的知识网络研究模型框架，运用共词聚类分析法、社会网络分析法、可视化分析法，结合余弦指数、新颖度与关注度、外联度与内联度、中间中心度、最大外联度等指标，对第三代移动通信技术的专利文献进行了专利计量研究，展示了第三代移动通信技术领域的专利技术主题的象限结构、关联结构、强链接结构等知识网络特征，还特别研究了我国研发的 TD-SCDMA 技术标准的知识网络结构特征、国际竞争力和专利竞争战略等。

**责任编辑**：李　瑾　　　　**责任出版**：谷　洋

**专利技术主题的知识网络研究**
**ZHUANLI JISHU ZHUTI DE ZHISHI WANGLUO YANJIU**
沈　君　著

**出版发行**：知识产权出版社 有限责任公司　　**网　址**：http://www.ipph.cn
**社　址**：北京市海淀区马甸南村 1 号　　**邮　编**：100088
**责编电话**：010-82000860 转 8392　　**责编邮箱**：lijin.cn@163.com
**发行电话**：010-82000860 转 8101/8102　　**发行传真**：010-82000893/82005070/82000270
**印　刷**：北京中献拓方科技发展有限公司　　**经　销**：各大网上书店、新华书店及相关专业书店
**开　本**：787mm×1092mm　1/16　　**印　张**：14.5
**版　次**：2014 年 10 月第 1 版　　**印　次**：2014 年 10 月第 1 次印刷
**字　数**：220 千字　　**定　价**：45.00 元
ISBN 978-7-5130-2867-7

# 序

经济学与管理学均是以资源的经济效益和节约为研究宗旨，在分析研究和解决现实问题时，社会科学的专家学者们通常会选择它们作为理论工具，从而形成了经济学与管理学相互补充、相互借鉴、彼此融合的局面。在国家实施“转方式、调结构、促发展”发展战略和现代服务业快速发展的社会经济背景下，服务经济与管理研究领域迎来了前所未有的发展机遇。

《服务经济与管理文库》的研究成果主要沿着三个层面进行学术研究。

第一，服务经济研究以人力资本等基本生产要素形成的经济结构、增长方式和社会形态。在服务经济时代，人力资本成为经济增长的主要来源，服务经济的增长主要取决于人口数量和教育水平。现代服务经济的发达程度已经成为衡量区域现代化和竞争力的重要标志之一，它是经济发展极具潜力的新的增长点。服务经济作为一种新的经济形式，涵盖了服务业乃至对外服务贸易等广阔的市场经济业态。服务经济越来越得到国家与政府主管部门的高度重视，在国民经济构成中占有极其重要的地位，并且其比重逐渐加大。近些年来，面对国际金融危机、国外需求大幅减弱的外部经济环境，国家正在大力推进经济结构战略性调整，加快发展现代服务业。只有生产要素和人口聚集到相当规模，产生对生产性服务和消费性服务强大的市场需求，才足以支撑服务行业的不断专业化、促进服务经济的发展和服务经济结构的形成。因此，大力发展服务经济是我国产业结构调整升级的主要途径。

第二，服务管理研究如何在服务竞争环境中对企业进行管理并取得成功。它包括对服务利润链的分析、服务的交互过程与交互质量、服务质量管理中的信息技术、服务业产品营销与制造业产品营销的比较等。目前，国内外专家学者开始广泛关注服务管理的实践和理论研究。在服务竞争的时代，面临服务竞争的各类企业必须通过了解和管理顾客关系中的服务要素来获得持久的竞争优势，这就迫切需要探索适合于服务特性的新的理论和方法作为服务竞争的指导原则。国内外专家学者在服务利润链的解析、服务的交互过程与交互质量、服务质量管理中的信息技术、服务业产品营销与制造业产品营销的比较等研究方面均有所建树。服务管理涉及企业经营管理、生产作业、组织理论和人力资源管理、质量管理等学科领域的管理活动，更全面、深入地围绕服务管理的理论探讨，还要走很长的路并要付出更艰苦的努力，还要经过大量的实践过程来总结其活动规律，完善系统服务管理学科体系。

第三，服务经济与管理是学科交叉融合的结果，体现了经济发展与理论创新的高度融合。众所周知，经济学是管理学主要的理论基础之一，它为管理学提供研究和分析方法；管理学对于经济学的实际应用起着巨大作用。经济学理论通过管理实践转化为生产力，并为经济学向其他学科领域的拓展起到桥梁作用。基于经济学和管理学内在的互补性和研究领域的相互渗透，经济学与管理学学科融合的趋势越来越明显，由此推动了两个学科的创新与发展。在大力调整经济结构，促进产业结构优化升级，现代服务业快速发展的社会经济发展格局下，服务经济与服务管理的学科融合走在了经济学与管理学学科融合的前列，推动了该领域的理论创新和应用。

在上述背景下，山东大学（威海）商学院研究团队结合学科建设、人才队伍建设等在经济与管理两大领域的优势，着力推动服务经济与管理学科的发展和融合。服务经济与管理领域的研究和学科发展潜力巨大，易于形成创新成果，满足服务社会经济发展需要。近些年来，服务经济与管理学科建设取得了长足的进步和良好的发展成效，尤其表现在劳动经济与人力资源管理、投资理财与风险资产定价、旅游与服务管理等研究领域。因此，通过搭建高层次科研平台，可进一步提升在服务经济与管理领域的研究实力与水平。我们期望通过推出《服务经济与管理文库》，实现与学界同行的切磋和交流，由此推动服务经济与管理领域学术研究的飞跃。

文库编委会

2014 年 3 月

# 目　录

# 第一章 导论

随着科学技术体系日益复杂和多样化，科学技术的创造发明影响着国家、行业和企业的科学技术竞争力。因此，技术专利的申请数量和拥有数量就成为衡量国家、企业的科学技术竞争力的重要指标之一。专利文献是技术知识的载体，浓缩着研发人员的研发成果。因此，基于专利文献从知识网络视角揭示专利技术主题的结构及变化，是本书研究的主要目的。

首先，在知识网络、知识计量基本理论及相关概念的基础上，建构了专利技术主题结构的理论基础，界定了专利技术主题的相关概念，阐释了专利技术主题结构的形成就是知识网络中的知识单元游离与重组的过程，分析了从技术术语到专利技术主题的形成机理，提出了专利技术主题结构分析的主要路径。在此基础上，构建起以技术术语共现矩阵与技术主题关联矩阵为手段，以知识单元的游离与重组为内容的专利技术主题结构的分析模型、计量指标和分析方法。

其次，以第三代移动通信技术领域的专利文献为例，从专利文献的标题和摘要中抽取技术术语，并以余弦指数构建技术术语共现矩阵，利用卡龙的共词分析方法和原则，运用战略坐标分析方法从位置维度对专利技术主题象限结构进行静态和动态分析。专利技术主题象限结构的静态分析显示，核心专利技术主题不仅在技术发展中起着重要的作用，而且与其他专利技术主题之间具有交叉和融合的趋势。专利技术主题象限结构的动态分析显示，专利技术主题结构的变迁与不同时段技术术语的共现关系和强度有着密切关联，由此可以有效地揭示某技术领域的研究内容和方向的变化。

最后，应用同一专利文献数据，分别构建了专利技术主题的关联矩阵和最大外联度的技术术语共现矩阵，从关系维度对专利技术主题的关联结构和强链接结构进行静态和动态分析。分析结果显示，中间中心度高的专利技术主题在知识网络中起着重要作用，与其他专利技术主题有交叉和融合的趋势；最大外联度的技术术语间的共现强度决定专利技术主题之间的强链接结构。不同时段专利技术主题的中间中心度和强链接的变化，表征了专利技术主题的继承与更新、新专利技术主题及新链接的形成、专利技术主题间链接强度的增强等。

本书研究结果显示，知识网络视角的专利技术主题结构分析虽然不能全面揭示专利技术主题演进变化的机理，但仍可以客观地展示某技术领域的知识单元游离与重组过程，在一定程度上显示出专利技术主题发展的周期性、互联性和可预见性，从而为科学技术管理政策的制定、项目规划与资助提供理论和方法支持，为专利技术研发和推进技术发展提供借鉴和参考。

## 第一节　研究背景和问题的提出

### 一、研究背景

随着现代科学技术的飞速发展，信息化与全球化时代的到来，交叉学科和新兴技术不断涌现，使得科学技术体系日益复杂化和多样化，科学技术的发明创造成为科学技术发展、经济和社会发展的主要推动力之一。在宏观、中观和微观层面上分别影响着国家、行业、企业的科学技术竞争力。2006 年我国颁布的《国家中长期科学和技术发展规划纲要（2006—2020）》中以“立足国情、面向世界、增强自主创新能力”为主线，全面规划和部署了我国科学技术发展的优先主题。因此，技术专利的申请数量和拥有的技术专利状况成为衡量国家和企业未来科学技术竞争力的重要指标之一，科学技术的发明创造成为提高科学技术创新能力、提高竞争优势和专利优势的关键所在。

#### 1. 理论背景

21 世纪是知识爆炸式增长的时代，知识越来越丰富，知识网络结构越来越复杂，知识的传播越来越广泛，知识的更新越来越快，周期越来越短，知识扩散的空间距离缩短。而科学技术发展离不开专利的发明、扩散和转让、商用等环节，这促使对专利的研究成为提高科学技术竞争力的主要途径之一。大量的技术专利在实践中被发明创造，并在生产实践中予以使用与扩散，从而提高了专业化程度和劳动生产率。因此，有目的地跟踪知识的生产、发展和演进趋势与前沿，有效地掌握和了解知识的更新与重组，是保持和增强科学技术创新能力、实现可持续发展的前提和保证。

技术专利是科学技术发明与创造的主要成果之一，已经成为经济和社会发展中至关重要的一种生产要素。21 世纪是一个信息技术和高新技术发达的信息时代，电子信息技术、生物技术、新材料及应用技术等 10 项高新技术领域得到了迅猛发展，重点发展的六大高技术领域的 12 项标志技术和 9 个高技术产业，从整体上带动了产业结构走向可持续发展的新阶段，形成了高新技术产业的强大实力和国际竞争力。

随着高新技术的迅猛发展，作为知识密集和技术密集的经济实体——高新技术产业，其产品的主导技术在高新技术领域中属于技术前沿或技术突破，知识密集度和技术密集度越来越高，知识要素和技术要素在科学技术和经济发展中越来越重要，知识和技术的生产、传播和应用已经无所不在。同时随着网络技术和信息技术的快速发展与应用，知识和技术的生产方式、传播方式和应用方式发生了历史性转变，从而丰富和发展了科学技术管理和科学技术政策的研究方法和手段。

随着知识和技术的不断创造和累积，以及知识存量的增长和知识内涵的深化，技术研发逐渐与生产环节相分离，促使知识和技术的生产方式演变为“政府—大学—企业”三螺旋模式，知识和技术生产的广度和深度增强[1]。

现代的专利是世界上最大的技术信息源，包含了全世界每年 90%～95% 的发明创造成果。专利文献是专利技术知识单元的主要载体。随着互联网技术和信息技术的快速发展与应用，大型电子文献数据库的开发改变了传统的知识传播的形式和载体。目前全球已有佰腾专利数据库、德温特创新索引专利数据库（以下简称 DII）、中国国家知识产权局专利检索数据库、欧洲专利局网上专利检索、美国专利商标局网上专利检索 、日本特许厅网上专利检索（英文版）、世界知识产权组织网上专利检索、英国专利局网上专利检索等专利数据库。其中由英国化学家汉斯（Monty Hyams）于 1948 年创建的 Derwent 是全球最权威的专利情报和科学技术情报机构之一。大型电子专利文献数据库提供了便捷的检索方式和较详尽的专利信息，使知识的获取、知识的创造、知识的传播等途径越来越便利，时效性也越来越强。

科学技术管理是运用管理科学的理论和方法，对科学技术活动中的人力、物力、财力资源及过程进行有效调节、优化整合和控制的管理行为[2]，目的在于鼓励技术创新，进行整体性、策略性的科学技术预测和规划，有力推动了技术研发和技术创新活动。因此，在知识更新节奏快、科学技术信息数据繁杂众多的环境下，科学技术管理人员和科学技术政策的制定者能否跟上科学技术发展的步伐，对未来科学技术发展趋势能否做出准确预测，取决于能否及时甄别和获得有价值的信息和知识。

在科学技术发展和知识生产方式变革的信息社会环境下，传统的科学技术管理手段和科学计量方法凸显缺陷和不足：专家评议和技术预见的主观性较强、客观性显弱，且评议和预见结果偏好于专家所从事的研究方向；传统的文献计量方法偏重于期刊数据的统计分析，计量指标的选取和数据的来源比较单一。随着科学技术的发展和信息技术的应用，科学技术管理的理论、方法和手段发生了重大变革，数字和电子信息资源已经成为文献计量学和科学计量学的研究重点之一。国内外专家和学者试图通过运用各种方法和手段，对科学技术知识进行计量分析。科学技术发展的过程就是知识的创造、扩散和转移的过程，因此，基于知识单元的知识计量，已经成为科学技术管理人员和科学技术政策制定者有效进行科学技术管理和科学技术政策制定的新手段和新方法之一。

知识计量学是以知识计量活动为研究对象的交叉科学，是新兴学科知识科学的一个分支学科，知识计量学在纵向上，包括知识单元、知识链索、知识群落、知识网络、知识体系五个层面。通过微观层面（知识单元、知识链索）的研究，提取文献、句子、短语和词汇等知识单元，探究学术概念、科学问题、研究专题的生成机理、演进路径，解析知识的涌现性、脆性、自组织性等；通过中观层面（知识群落、知识网络）的研究，运用聚类分析、共被引分析、共词分析、可视化分析等手段，探究知识领域或基元学科、学科群组的结构、热点问题、前沿方向、演进动力、演进机理等；通过宏观层面（知识体系）的研究，运用网络分析、多元动态分析等方法辨识宏观知识结构等[3]。因此，可利用知识计量方法，将专利文献知识看作一个复杂的自组织系统，探测和揭示知识的生产、传播和发现，知识的结构、演化和重组，知识的涌现和变革等[4]。

**2. 现实背景**

移动通信系统经历从频分多址和模拟调制的第一代模拟移动通信系统（如 AMPS、NMT 和 TACS 等），到时分多址和数字调制的第二代数字移动通信系统（如 ADC、DAMPS、GSM 和 CDMA 等），再到以 WCDMA、CDMA2000、TD-SCDMA 和 WiMax 等为标准的第三代数字移动通信系统。在近 30 年的发展历程中，中国已经在移动通信领域具有了一定的实力，已将“新一代宽带无线移动通信”列入国家科学技术重大专项之一，并得到国家高技术研究发展计划（“863”计划）和国家自然科学基金委员会的大力资助。

在移动通信技术领域的技术系统内部，技术间具有共生、竞争、寄生等关系，如核心技术与相关技术的共生关系（无线接入技术与天线技术）、同一范式内的不同技术标准间的竞争关系（WCDMA、CDMA2000 与 TD-SCDMA）、某项技术依托于某种技术标准而存在（智能天线与 TD-SCDMA）等。在移动通信系统内部技术原理与技术装置、技术结构与技术功能、技术目的与技术手段等之间始终处于对立统一的矛盾运动之中。

同时，在技术演进过程中，在没有外力干预下，两项或两项以上的不同技术相互作用、相互融合，产生新的技术，并应用于原有应用领域或新的应用领域，从而对原有相关技术造成替代或终结，这是技术自组织演化机理的自创生行为。如 3G 技术是移动通信技术与数据通信技术、Internet 技术结合而成，是在原有应用领域的传输技术上提升、增加了多种信息服务、多种媒体形式。

在技术系统中，当一种或多种技术由于渐变或突变而发生演化时，其他与之相关技术必须对其变化做出反应，以使技术间处于最佳匹配关系，否则会因为技术之间的不匹配或匹配状态较差，导致技术系统内部不同技术间产生摩擦和紊乱，使技术系统的运行整体效果下降。因此，在技术演进的自适应过程中，一方面要关注技术本身的性能和功能的变化；另一方面要关注相关技术之间的相互影响、相互作用。当技术系统中核心技术的性能和功能发生变化时，与其相关的技术也必须相应改变自身的性能，以便较好地与核心技术相匹配，这时整个技术系统也会升级换代，如移动通信的核心技术从模拟技术，到数字技术，再到无线技术，相应的传输技术、信道分配技术、天线技术、切换技术等都要相应做出调整，因此使移动通信技术系统从第一代（简称为 1G）升级到第二代（简称为 2G），再升级到第三代（简称为 3G），以及第四代（简称为 4G）或下一代系统（简称为 NG）。

根据目前移动通信技术领域的研发现状，国内外知名的移动通信企业所遵循的研发路径都各不相同，各运营商所选择的通信技术标准也不同，以中国的运营商为例，在中国通信市场中，三大运营商中国移动、中国联通和中国电信分别选用了 TD-SCDMA、WCDMA 和 CDMA2000 技术标准。因此，从国际移动通信技术领域的研发来看，处于多个势力分别研发自己的优势关键技术的多足鼎立局面。从 3G 的演进角度来看，目前主要存在三条演进路径（图 1.1）。

从图 1.1 中可以看出，第三代移动通信的三条演进路径都是指向 IMT-Advanced（4G），3GPP 的技术轨迹是从 GSM、GPRS 到 WCDMA/TD-SCDMA，再到 HSPA（HSDPA/HSUPA），最后通过 LTE 演进到 4G；3GPP2 的技术轨迹是从 CDMA/IS-95 到 CDMA2000（1XEV-DO/DV、3X），通过 UMB 演进到 4G；IEEE 的技术轨迹是从宽带无线接入技术向高移动性、高服务质量的方向演进，即由 802.16d 到 802.16e 再到 802.16m 的技术路线。它

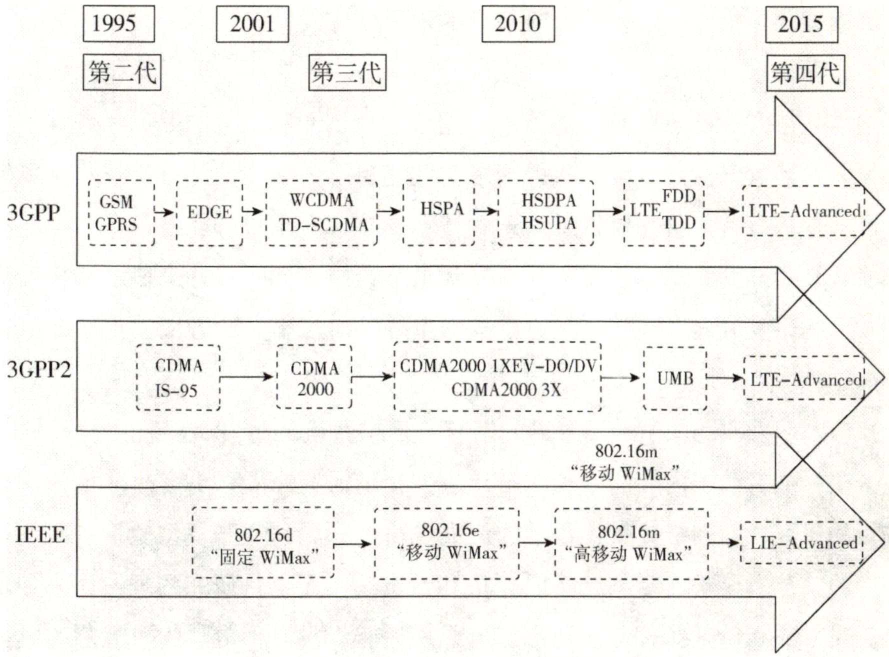


**图 1.1　3G 技术演进的路径**

**Fig1.1　Evolution path of the 3G technology**

们的共同之处是都采用 OFDM 和 MIMO 技术来提供更高的频谱利用率。但是在未来的演进过程中，哪种技术演进路径将是未来通信技术领域的主要发展轨迹，哪个技术标准将是 4G 或下一代通信技术的主流标准等，这些问题已经成为国内外专家学者广泛关注的重要研究课题之一。

在移动通信技术领域，我国自 1998 年以来，加大对第三代移动通信技术的研发投入和支持。经过不懈努力，于 2000 年我国研制的 TD-SCDMA 技术标准获得了国际电信联盟的批准，成为全球 CDMA 三大技术标准之一。然而我国与发达国家相比，在移动通信的核心技术专利上还有较大的差距。

## 二、问题的提出

科学技术管理是科学学研究和科学技术政策研究的重要目标，把握当前科学技术研究的内容和方向，是有效实施科学技术管理和科学技术研发的重要前提。在应用技术领域，准确获得相关的专利文献数据，并对其进行科学、客观的专利计量分析，揭示当前某技术领域的主要研究内容和方向，是正确进行科学技术政策制定、及时掌握研发的内容和方向、合理规划研发项目的资助与扶持的基础。在现代的信息化网络时代，专利文献的分类、数据信息的检索、计量分析方法等不断得到丰富和完善，为研究人员对某技术领域的专利文献进行计量研究提供了信息和技术支持，但也对研究人员提出了新的挑战，必须开发和利用更完善的专利计量分析技术和手段，来揭示和把握应用技术的研发方向和趋势。因此，本书主要针对以下几个方面提出所要研究的问题。

（1）明确专利文献计量分析的宗旨，建构系统的专利文献计量指标体系和方法。从目前国内外的专利文献计量分析的研究来看，更多是从单一层面进行的研究，如围绕文献计量学的三大定律的理论研究和模型验证、文献和作者的共被引分析、专利趋势的分析和预测等。无论是研究的理论体系，还是研究方法和计量指标，都还不够成熟和完善，没有形成科学、规范的研究范式，从而减弱了专利文献计量结果对科学技术研发、政策制定和项目资助的作用。实质上，对专利文献计量分析的宗旨是对专利技术知识的跟踪和研究，掌握专利技术的主要研究内容和方向。但在知识爆炸式增长的今天，影响技术知识动态变化的因素错综复杂。因此，为了能够实现专利文献计量分析的宗旨，客观准确地揭示专利技术的主要研究内容和方向，充分发挥专利计量结果在科学技术研发、政策制定等方面的作用，必须依据知识计量学的相关理论构建系统、科学的专利文献分析模型、计量指标和分析方法，从而保证计量结果的科学性和客观性，充分发挥专利文献计量在科学技术管理方面的借鉴和参考作用。

（2）注重专利技术发展中知识单元的深层次研究。当前对专利文献数据的分析和研究，主要是针对某技术领域的专利数量的宏观统计和比较，从宏观层面分析专利技术的构成，如国家和地区分布、IPC代码的分布、手工代码的分布等，对技术发展的趋势的分析也多是基于宏观的视角。这些研究方法和视角比较单一，只能按照数量变化和时间序列以及学科结构进行技术结构的分析和解读，没有深入到技术发展中知识单元的微观层面分析和解读，也忽略了知识单元、知识群和知识群间关系的动态演变对技术发展的影响。因此，如何对知识单元更深层次进行计量分析，分析科学技术文献与知识单元、知识群的关系，以及知识群之间的联系，将是本书着重要解决的问题：以技术发展中起着重要作用的专利文献为研究对象，依据专利文献是技术术语、专利技术主题的载体，专利技术主题是专利文献研发内容的表征，从专利文献的标题和摘要中抽取技术术语，并生成技术术语共现矩阵，依据技术术语之间的共现强度构成专利技术主题，从位置和关系两个维度揭示专利技术主题结构及其变化。但由于知识网络中节点、连线和链接强度的变化都会影响到专利技术主题结构的变化，因此专利技术主题的变化纷繁复杂，包括核心主题词的变化、专利技术主题的构成变化、专利技术主题的位置结构和关系结构的变化等。

（3）通过对专利文献的计量分析，揭示技术发展过程中专利技术主题发展的周期性、互联性和可预见性。技术专利是科学技术发明与创造的主要成果之一，已经成为社会和经济发展中至关重要的一种生产要素。专利文献是最权威的描述技术内容的科学技术文献，在相应的专利文献数据库中，能够通过专利文献的查询，了解和掌握过去和当前某项技术创新的主要内容。因此，专利文献已经成为专利计量研究的主要数据来源。但目前国内外对专利文献的计量研究，主要集中在较宏观的数量和趋势分析上，鲜有从知识单元和知识群的微观层面对专利文献的计量研究。因此，如何利用专利文献展示专利技术主题的结构及其变化，成为本书研究的主要目标。本书选择全球最权威的 DII 专利数据库，获取准确、全面的专利文献数据，并对其进行标准化处理，同时构建专利技术主题结构的理论基础和分析模型，丰富和完善专利文献计量的分析指标和方法，从微观层面揭示某技术领域的专利技术主题发展的周期性、互联性和预见性等特征，展示技术体系内的专利技术主题间的位置关系和关联关系，从而为专利研发、技术研发和技术发展提供借鉴和参考。

## 三、研究意义

### 1. 理论意义

目前国内外对专利文献的分析研究主要以一般的统计分析为主，数据挖掘技术和可视化分析刚刚起步。在专利文献计量的理论和方法上，还没有形成完整的理论体系和方法体系，且多数研究是从宏观层面的研究，鲜见微观的知识单元和知识群层面的深入研究。因此，专利文献计量的理论和方法创新、计量指标的构建已成为专利文献计量的首要课题。本书通过对文献的回顾和总结，构建了专利技术主题结构的理论基础和分析模型，综合运用共词分析、战略坐标分析、社会网络分析等方法，揭示某技术领域的专利技术主题结构及变化。具体表现在三个方面：

（1）战略坐标分析是在聚类分析的基础上，进一步分析某领域研发热点的结构及变化，在坐标平面上直观展示专利技术主题的象限结构。本书在已有的指标基础上，对计量指标进行了扩充，如新颖度和关注度、内联度和外联度等。通过战略坐标图的静态和动态分析与展示，来观察专利技术主题的象限分布和变化。在一定程度上丰富了共词分析和聚类分析的内容和深度，有利于推动共词分析和聚类分析的发展。

（2）专利技术主题结构分析模型的构建，有利于技术领域微观主题层面的研究。本书的专利技术主题是指由一定数量（＞2 且≤10）技术术语所构成的聚类所能表征的某技术领域的研究内容和方向。该分析模型和理论基础的构建，适用于任何一个技术领域的专利计量研究，更深入地从微观层面展示某技术领域发展过程中的专利技术主题的结构特征及其变化。

（3）本书通过将技术领域内的技术术语间的共现网络聚缩为专利技术主题的关联关系，运用社会网络分析方法直观展示专利技术主题的关联结构；并依据最大外联度指标，识别专利技术主题之间的强链接。扩展了社会网络分析的应用领域，丰富了社会网络分析的研究内容，有利于推动社会网络分析的发展。

**2. 现实意义**

以专利文献作为研究的数据基础，在知识网络视角下，可以运用多种分析方法来系统研究技术发展过程中的相关问题。任何一个技术体系都是由若干知识单元所构成的，通过构建基于专利文献的知识网络结构分析的理论框架，可以直观展示技术体系内的诸多知识单元，如专利权人、IPC代码、专利号、德温特代码等。研究者可以根据拟定的研究目的选择某一知识单元进行实证分析，展示知识单元的微观结构及发展态势，从而为掌握和了解某技术领域的微观知识单元的结构特征提供参考。

本书以第三代移动通信技术为例，从专利文献的标题和摘要中抽取技术术语，综合运用共词分析、聚类分析、战略坐标分析和社会网络分析等方法，对能够代表技术体系内的研究内容和方向的专利技术主题结构进行静态和动态分析，直观展示了第三代移动通信技术的专利技术主题的象限结构、关联结构和强链接结构。在宏观层面上，有利于我国通信产业政策和发展战略的制定，有利于增强我国在全球移动通信领域的国际竞争力。在微观层面上，有利于我国通信企业掌握和了解国际移动通信的核心专利技术主题、专利技术主题的发展变化趋势，以及专利技术主题之间的关联关系，在市场竞争中抓住核心主题，促进技术主题的协调发展，提前预知技术的交叉和融合等。将对通信技术的专利研发、技术研发和技术发展、科学技术创新能力的提升、科学技术政策的制定、项目规划与资助等具有重要的现实意义。

## 第二节　国内外研究综述

### 一、专利技术主题的国内外研究现状

（1）国外研究现状：在 Web of Science 数据库中以 TI＝“Technolog * Topic * ”为检索式，检索到 20 篇文献，最早的一篇外文文献见于 1966 年[5]，但与本书所研究的专利技术主题相关的文献较少，主要包括互联网技术主题——移动通信和光纤传输的研究[6]、4G 的技术主题和更新的研究[7]、

水资源科学与技术的主题研究[8]等。

(2) 国内研究现状：在中国知网（CNKI）数据中以“技术主题”为篇名，检索到63篇文献，从检索结果来看，多数文献是针对某技术领域的主题项目进行的研究，如纳米技术主题[9]、“863”计划的技术主题[10][11][12]等，与本书研究的专利技术主题相关的文献主要有：王凌燕等将“技术主题”定义为“由一组具有强文本表示功能的特征关键词组成”的技术内容，并构建了基于专利文献识别新兴技术主题的理论模型和识别方法[13]；林瑞明等探究了台湾LED技术主题的专利数据，在数据处理中根据需要使用Microsoft Excel、CiteSpace、Ucinet、Microsoft Visio等软件[14]；陈云伟等通过专利分类号共现、分类号相似度计算和主题词共现，运用社会网络分析方法基于技术主题分析了专利权人主题关联网络[15]；唐恒等对国内外光伏产业的太阳能电池专利的6个技术主题进行计量分析[16]；王义刚等对我国石油开采设备领域的8个技术主题的专利申请进行计量统计，分析了我国石油开采设备领域的技术优劣，并给出了发展建议[17]；杨祖国等以国际专利分类号（IPC）作为技术主题的标志，从技术主题分布角度探索了中国专利技术与国外专利技术之间的联系，发现不同技术主题专利的相对重要程度和对世界技术发展的影响不同[18]；冯昌波对转基因动物专利的技术主题进行了分析[19]；罗璇基于聚类分析结果进行技术主题分析[20]等。

根据检索到的文献研究视角来看，国内外关于技术主题的研究基本属于从技术领域本身的研究主题进行的专业性较强的分析。运用专利计量分析方法对专利技术主题进行研究尚属于起步阶段，在研究方法上还没有完善的架构，多数是从文献计量学方面进行简单的统计分析。以专利文献为主要数据来源，综合运用共词分析、聚类分析、战略坐标分析和社会网络分析等方法，以专利技术主题为知识网络的主要节点，来分析技术领域专利技术主题结构的研究甚少。

## 二、知识网络的国内外研究现状

(1) 知识网络的定义：知识网络的研究始于20世纪50年代，SCI创始人加菲尔德（E. Garfield）尝试利用科学引证网络研究科学知识之间的传承、发展的脉络和结构[21]；普赖斯（D. J. Price）借助物理统计方法对引证网络的拓扑结构及引证行为进行了分析，并指出引证过程中的经典理论和研究前沿[22]。1981年英国情报学家布鲁克斯（B. C. Brookes）提出了认知地图的构想，认为概念联结网络可以表示紧密相连的学科领域的固有联系和学科认知结构[23]。知识网络的概念最早是由瑞典工业界提出的[24]。美国科学基金会（NSF）于1999年将知识网络定义为“知识网络是一个社会网络，该网络提供知识、信息的利用等”。但从国内外对知识网络的定义来看，目前没有一个明确统一的定义，在不同的研究和应用领域，对知识网络的定义有所不同：从技术层面将知识网络看成用来解释大量资料与信息，并传递知识的一种管理知识的网络系统[25]；认为知识网络是由节点之间、通过知识创造、知识共享等环节，基于一定的关系链构成的网状系统[26]；认为知识网络是一种知识参与者实现知识在各节点之间的创造与传递的社会网络[27]。按照构成知识网络的节点形态，知识网络主要有人、企业等知识主体之间的网络、知识与人之间的网络、知识与知识之间的网络三种类型[28]。赵蓉英、邱均平从科学学说的角度对知识网络概念的演进进行了全面、系统的探索性研究，指出了知识网络的地图说、基因说、网络说和知识载体形态说四种学说形态及相关学说理论[29]。

本书所研究的知识网络是指知识与知识之间的网络，是与知识、信息及知识间联系有关的网络，在知识网络中的节点表征知识单元，可以是文献、专利、情报片段或词等，边表征知识单元之间的链接关系和强度，在引证网络中的边表征引证关系，共现网络中的边表征共现关系，边的粗细表征知识单元之间链接的强度。知识网络中新节点的加入，与原有节点的链接意味着新知识的产生和对旧知识的继承。知识网络根据节点之间链接的方向性，可以分为无向网络（共词网络）和有向网络（引证网络），如果节点的状态和网络是动态演化的，则形成动态知识网络。

（2）知识网络的相关研究：在 Web of Science 数据中以 TI=“Knowledge

Network”为检索式，检索到108篇论文，其中有12篇属于图书情报专业的论文，在中国知网（CNKI）《中国期刊全文数据库》中，以“知识网络”为篇名进行检索，检索到334篇论文，其中有25篇属于图书情报和数字图书馆，26篇属于科学研究管理。

但无论国外的文献还是国内的文献，都是从人、企业等知识主体之间的网络视角或者知识与人之间的网络视角所进行的知识网络研究，只有少数的研究是从知识与知识之间的网络视角进行的知识网络研究：对知识网络结构和知识发展脉络的分析方法和工具的探索，如科学知识图谱[30]、概念地图[31][32][33]、合作网络[34]、知识超网络[35]等。但这些研究多是定性的概念模型和实证性研究，而在揭示知识结构的动态发展过程和趋势上的研究较少：李向、马费成等从拓扑结构和演化机制两个方面论述了知识网络的结构与演化[36]。

根据知识网络可以分为引文网络或引证网络和共词网络，检索结果显示，在Web of Science中以“TI=Citation Network”为检索式，检索到39篇文献；以“TI=Co-word”为检索式，检索到49篇文献。在CNKI数据库中以“引文网络”或“引证网络”为篇名检索，检索到36篇文献，以“共词网络”为篇名检索，检索到16篇文献，其中基于共词网络的方法研究较少，多数是基于共词网络的应用研究。

在加菲尔德提出引证网络分析法[21]，普赖斯等人发现引证网络链接度满足负幂分布[22]之后，1998年提出了“小世界网络”[37]和“无标度网络”[38]，对各种类型的复杂网络的研究蓬勃兴起，但多是采用物理统计和动力系统的方法。

普赖斯认为知识网络的研究主要包括：①表征知识的前承后接的引证网络：这是最早提出的一种知识网络形态，主要以文献、文献间的引证、耦合和共现关系为研究对象[22]；②表征词汇诠释关系的词网络或共词网络：以词、词间的共现关系为研究对象，研究方法与引证网络基本相同[39]；③表征知识创造主体合作关系的合作网络：以团队、组织和机构间的知识流动为研究对象，与共词网络同属于共现关系网络[34]；④表征多层次、多主体关联结构的知识超网络：以不同层次、不同类别的相关知识对象为研究对象，揭示不同层次、不同类别的知识融合和关联[35]。主要运用自然科学的研究方法，对知识网络的拓扑结构和演化机制的统计分析与模型进行研究。

布鲁克斯基于认知角度认为知识网络的研究主要包括：①表征语义、主题和概念关联的语义地图[40]、认知地图[23]，类似于共词网络，但侧重认知过程、基于学习和理解的知识网络构建；②表征认知过程及思维发展的思维导图[41][42]、概念地图[31]，与认知地图相似，但侧重于思维发展过程，认为网络是一个可直观理解的认知结构图；③侧重知识结构形态及可视化的知识地图[29]和科学知识图谱[30]，侧重于知识的形象化表示；④探讨知识网络的相关概念演进过程及其哲学发展规律[29][43][44]；对概念网络进行了实证分析，研究个人结构化知识图示的构建[31][32][33]；基于共词网络方法探讨了知识概念结构，分析了科学知识体系的网络结构和知识单元的增长模式，从词汇维度定性解释了科学知识网络形成于演化机理[42][45]。主要运用人文社会科学的研究方法，进行定性分析，多为概念模型的提出，但客观可比的定量研究较少。

国内学者王晓光对科学知识网络——共词网络的形成与演化进行了研究，首次提出共词网络的概念与理论[42]，但只分析了共词网络的节点和关系的增长规律，而没有揭示共词网络的结构变化[45]；赵蓉英、邱均平对知识网络的概念、内涵和特征进行了系列研究[29][43][44]。

知识网络的研究包括对知识网络本身的研究和对知识网络结构的研究两个方面。知识网络本身的研究主要有存量维度、过程维度和结构维度三种模型，其中的结构维度是从知识网络的整体方面，用两个基本特征变量来测度：一是关联强度：即具有直接关联的知识节点间的联系密切程度，一般是用节点间的距离、连线长度、连线粗细来表征；二是知识链接关系：节点之间的相互链接形成了整体知识网络的结构特征。但这些研究多是基于认知视角对知识单元所进行的描述性、实证性的研究，而针对共词知识网络中主题间的关联强度和链接关系的研究较少。

知识网络结构的研究主要有基于网络的规模、结构、节点的度、稳定性等方面的研究；基于节点间的关系密度和关系模式的研究等。在研究内容上，多关注知识网络结构的可视化和相互关系，但对知识网络中节点的形成、节点之间的关联结构的研究较少，多集中在小世界、无标度的研究，不能全部反映知识网络中的主题结构。

## 三、第三代移动通信的文献计量研究

（1）国外的相关研究：通过国内外的科学文献数据库，检索利用科学计量学相关方法来研究移动通信技术的文献，通过组合“移动通信”、“第三代”、“3G”以及“计量”、“专利”等关键词进行检索。在 Web of Science 数据库中以检索式“TS=（3G AND patent）OR（third generation AND patent）OR（Communication technology AND patent）OR（third generation AND metric）OR（Communication technology AND metric）OR（3G AND metric）”来检索获得文献 833 篇，其中多数属于通信技术、计算机等领域专业性较强的文献，属于管理学科的只有 57 篇文献，有 4 篇属于图书馆信息情报领域（截至 2011 年年底），而以同样的检索式按照标题（TI）来检索，只有 6 篇文献（截至 2011 年年底），其中最早的是 2000 年基尔希（G. J. Kirsch）等的以“互联网时代下，专利和版权保护对于软件和通信技术的作用变化”的会议论文[46]，最近的一篇文献是 2008 年伊万诺维奇（M. Ivanovich）等发表的《后 3G 无线系统的吞吐量与复杂的变异率和服务质量的相关性研究》[47]。

以“TS=((third generation AND patent) OR（Communication technology AND patent）OR（third generation AND metric）OR（Communication technology AND metric）OR（3G AND metric)）AND SO=（Scientometrics)”检索获得 7 篇文献（截至 2011 年年底）。最早的一篇是 1998 年凯拉什（C. G. Kailash）等发表的《激光专利文献的科学计量研究》[48]。最近的 2 篇文献是 2009 年伊拉吉（D. Iraj）发表的《基于知识产权的公司战略：研发支出、专利权、商标权、传播媒介、市场价格革新议程》[49]，2011 年郑佳（Zheng Jia）等发表的《中国产业演进和关键技术的专利分析》[50]。

（2）国内研究现状：在“中国知网”（CNKI）《中国期刊全文数据库》中，以“移动通信”或“3G”或“第三代”结合“计量”（包括科学计量、文献计量、专利计量等）、“专利”等主题词，在工程科学技术Ⅱ、社会科学Ⅱ、信息科学技术、经济与管理科学等学科领域进行主题检索，截至2011年年底共获得367篇相关论文，但只有34篇论文符合检索要求。其中，巫晓倩分别就爱立信[51]、三菱[52]、诺基亚[53]三公司在中国的专利申请情况进行了分析；史兴东[54]、王雷[55]、徐敏[56]等分别撰文对移动通信专利进行分析，并阐述了专利对移动通信产业发展的重要作用。文娉与赵艳[57]、詹爱岚与王小勇[58]、韩梅与王忠敏[59]等分别以移动通信产业为例探讨了技术标准问题。但通过阅读只有以下文献的内容与本书的选题相关。

刘鹏对通用电气公司在中国和美国的专利申请情况进行了统计分析和比较分析[60]；姜慧敏以中国知识产权网的中外专利数据库为数据源，运用对比分析法，对中美的移动通信产业专利进行对比分析[61]；栾春娟以波音公司为例，运用专利计量与可视化手段进行了技术前沿探测，发现波音公司专利申请的重点领域主要分布在通信技术领域、计算与控制技术领域和聚合物专利技术领域[62]。同年，栾春娟等以“MC＝（W01-C01D3G OR W02-C03C1G OR W05-D06G5G)”作为检索式在德温特革新索引数据库中检索并下载3G技术领域的专利数据，对3G技术领域基本专利的年度分布、国家（地区）分布、高产出机构分布、热点技术领域进行了专利计量分析，从而揭示出中国在3G技术领域所面临的机遇和挑战[63]。唐健辉等在德温特革新索引数据库中以“TS＝(mobile phone) AND TS＝(3G OR CDMA2000 OR TD-SCDMA OR WCDMA OR WiMAX)”作为检索式，检索并下载3G通信技术的专利数据，计算专利权人的专利影响因子CII、技术强度TS和专利权人h指数，强调技术强度指数TS和专利权人h指数是有效的专利评价指标[64]。金宋永等人研究了美国专利局数据库中摩托罗拉、爱立信、诺基亚和三星的专利数据[65]。余翔、詹爱岚还运用专利申请量、被引证率等主要指标，研究了国家知识产权局专利数据库、德温特专利数据库中，14个通信企业的技术创新战略[66]。

以上移动通信技术领域的国内外专利计量研究多数是对3G移动通信领域的专利状况进行简单的统计分析，并指出无论在通信产业的发展中，还是在技术标准的制定中专利都具有极其重要的地位。虽然大连理工大学的栾春娟和浙江大学的唐健辉的检索式与本书基本相同或相似，但本书检索式是在咨询德温特革新索引数据库的技术服务人员的基础上确定的。从目前国内外的研究现状来看，虽然有些研究也使用的是德温特专利数据，但是从专利文献的标题和摘要中抽取技术术语，从知识网络视角对专利技术主题结构进行战略坐标分析和社会网络分析的研究较少，尤其是对移动通信领域的专利文献进行专利技术主题结构的研究甚少。

## 第三节　数据来源和主要研究方法

### 一、数据来源和标准化处理

专利文献计量分析需要确定一个具有代表性的学科领域作为研究对象，纵观移动通信技术的发展，从第一代（1G）的模拟技术发展到第二代（2G）的数字技术，目前正处于第三代（3G）移动通信技术发展阶段，并正在向第四代（4G）或下一代移动通信技术演进。在移动通信技术的发展演进过程中，在基础性技术专利的基础上，不断地研发新的技术专利，淘汰一些旧的技术专利，使移动通信技术更能满足人们的多样化的需求。因此，本书选择第三代移动通信技术作为研究对象。第三代移动通信技术的国际技术标准有三个：即美国的WCDMA、欧洲和日本的CDMA2000、中国的TD-SCDMA。

专利文献计量分析需要借助专利文献数据库来获取专利文献信息，因此需要选择权威的专利情报机构来获取研究所需要的专利文献信息。美国科学情报研究所的Web of Science中的德温特革新索引数据库（Derwent Innovation Index，DII），无论是从数据库的专利文献数量，还是从专利文献信息的规范录入上，都是对第三代移动通信技术进行专利文献计量研究的理想数据源。

德温特革新索引数据库（DII）是 Derwent 公司与 Internet 和 Intranet 合作的产品，Derwent 是全球最权威的专利情报和科学技术情报机构之一，1948 年由化学家汉斯在英国创建。DII 数据库是由德温特世界专利索引数据库 DWPI（Derwent World Patent Index）与德温特专利引文索引数据库 DP-CI（Derwent Patents Citation Index）合并产生。基于 Web of Knowledge 平台，提供了 1963 年以来世界 100 多个国家 40 多个专利机构的 3000 多万条专利信息。分为 Chemical Section、Electrical & Electronic Section、Engineering Section 三个部分，提供世界范围内的化学（A-M）、电子电气（S-X）以及工程（P-Q）技术领域内综合全面的发明信息。EPI（Electrical Patent Index）代码是电气专利索引手工代码，它有 6 个部（S-X），下设 50 个 EPI 大类，每个大类又进一步细分，以满足更精确的检索要求。代码按等级排列，表示符号越多，代码越精确。代码分级包括部（Section）、EPI 分类码（EPI Class）、属性码（Generic Manual Code）、组代码（Sub-group）、小组代码（Sub-group division）、段代码（Full Manual Code 完整代码）、分段代码。例如，W01-C01D3G（W 为部［字母］，01 为 EPI 分类码［数字］，C 为属性码［字母］，01 为组代码［数字］，D 为小组代码［字母］，3 为段代码［数字］，G 为分段代码［字母］）。德温特手工代码由 Derwent 的标引人员分配给专利，用于表示某项发明的技术创新点及其应用，详细的检索策略可以显著提高检索的速度和准确性。手工代码按分层结构排列，结构顶层是上义或通用代码，接下来细分为更具体类别的子部分。手工代码 W01- C01D3G 的分层结构如图 1.2 所示。

在 DII 数据库中，可以根据数据的需要选择合适的检索，如主题、标题、德温特分类、德温特分类代码、德温特手工代码等。但在 3G 的专利文献中可以作为检索词的主题词有很多种，如 CDMA、CDMA2000、WCDMA、TD-SCDMA；还有 3G、Third Generation、3rd Generation Mobile Communication、IMT-2000、UMTS、Universal Mobile Telecommu-nication System 等，甚至有的专利文献中通篇都没有出现以上的字样，因而会因为词汇概念内涵

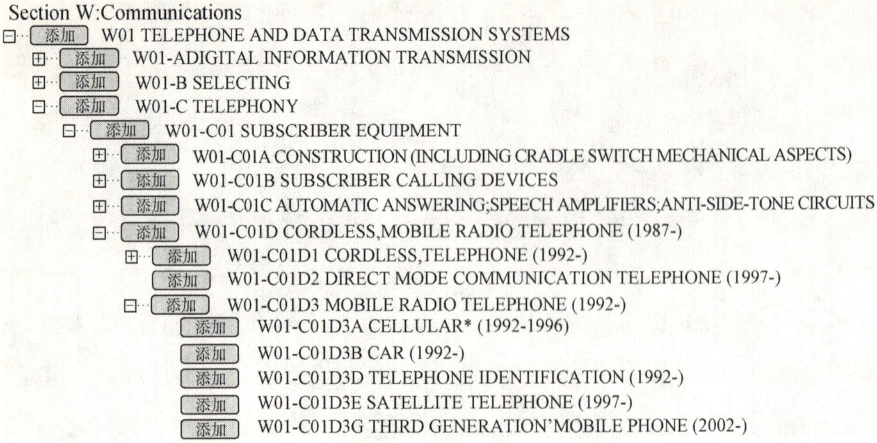


**图 1.2 手工代码 W01-C01D3G 的分层结构**

**Fig. 1.2 Hierarchical structure chart of manual code W01-C01D3G**

与外延的差异导致混淆。如 CDMA 既包括第 3 代移动通信技术，也包括第 2 代与第 2.5 代移动通信技术。另外还有一词多义的现象，如 3G 也代表一个物理量：3 克。因此，本书选取最适合 3G 移动通信技术专利文献的德温特手工代码检索方式。本书根据国内学者栾春娟、唐健辉和叶鹰在学术论文中采用的移动通信技术的德温特手工代码，以及本人与汤姆森路透公司的咨询结果，确定第三代移动通信技术专利文献的检索式为 MC=(W05-D06G5G OR W02-C03C1G OR W01-C01D3G)。检索式中的手工代码与代码定义如表 1.1 所示。

**表 1.1 第三代移动通信技术德温特手工代码与代码定义信息表**

**Tab. 1.1 Defination and information of DWPI manualcode on 3G technology**

| 子领域名称 | DII 手工代码 | 代码定义 |
|---|---|---|
| W05 ALARMS, SIGNALLING, TELEMETRY AND TELECON-TROL | W05-D06G5 | RADIO TELEPHONE (2002-) |
| | W05-D06G5A | CORDLESS TELEPHONE TRANSMISSION (2002-) |
| | W05-D06G5C | CELLULAR TELEPHONE TRANSMISSION (2002-) |
| | W05-D06G5G | THIRD-GENERATION (3G) MOBILE PHONE SYSTEM (2002-) |
| | W05-D06G5J | WLL AND FIXED ACCESS SYSTEMS (2002-) |
| | W05-D06G5X | OTHER TELEPHONE NETWORK MEASUREMENT OR CONTROL SIGNAL TRANSMISSION (2002-) |

续表

| 子领域名称 | DII 手工代码 | 代码定义 |
|---|---|---|
| W02 BROADCAST-ING, RADIO AND LINE TRANS-MISSION SYSTEMS | W02-C03C1 | CELLULAR (1987-) |
| | W02-C03C1A | SYSTEM (1992-) |
| | W02-C03C1B | BASE STATION APPARATUS (1992-) |
| | W02-C03C1C | MOBILE APPARATUS (1992-) |
| | W02-C03C1D | CELLULAR RADIO HAND-OFF (1992-) |
| | W02-C03C1E | MOBILE LOCATION DETERMINATION (1992-) |
| | W02-C03C1G | THIRD GENERATION´ AND ANALOGOUS MO-BILE PHONE SYSTEM (2002-) |
| | W02-C03C1J | CELLULAR RADIO APPLICATIONS (2002-) |
| W01 TELEPHONE AND DATA TRANSMIS-SION SYSTEMS | W01-C01D3 | MOBILE RADIO TELEPHONE (1992-) |
| | W01-C01D3A | CELLULAR * (1992-1996) |
| | W01-C01D3B | CAR (1992-) |
| | W01-C01D3D | TELEPHONE IDENTIFICATION (1992-) |
| | W01-C01D3E | SATELLITE TELEPHONE (1997-) |
| | W01-C01D3G | THIRD GENERATION´MOBILE PHONE (2002-) |
| | W01-C01D3J | DUAL OR MULTI-BAND MOBILE PHONE (2002-) |
| | W01-C01D3K | DUAL OR MULTIPLE SIM-CARD MOBILE PHONE (2010-) |
| W01 TELEPHONE AND DATA TRANSMIS-SION SYSTEMS | W01-C01D4 | FIXED LOCATION RADIOTELEPHONE (1997-) |

在 DII 数据库中，以 MC＝(W05-D06G5G OR W02-C03C1G OR W01-C01D3G) 为检索式进行检索，下载了 16938 条专利文献数据。数据检索的时间范围为 1994—2010 年，因检索结果显示 1994 年以前相关的专利文献极少，只有 1982 年的一篇和 1992 年的两篇，且在时间上不连续，因此 1994 年以前

的专利文献不列入数据范围不会影响计量结果。最后更新时间为 2011 年 10 月 3 日。

本书进行专利文献计量的知识单元设定为“技术术语”，因为在德温特革新索引数据库下载的数据显示，没有关键词的录入信息，目前多数研究都是基于已有的数据信息进行的计量研究。而本书用于专利文献计量分析的知识单元是运用 CiteSpace 软件从专利文献的标题和摘要中来提取的。根据共词分析的理论假设和主题词的受控性和规范性，标题和摘要中的技术术语能准确地表征第三代移动通信技术的研究内容。但由于德温特专利数据库的专利文献来自各个国家，虽然都是采用英文撰写的，但是受不同的语言习惯、英语水平等因素的影响，可能会造成同一技术术语用不同的词汇，即同义不同词的现象，因此在进行计量分析前，需要对所下载的专利文献数据进行统一“去噪”处理，如连字符“—”的使用、单数与复数、同义词、全称与缩写、专有词组等。所有 16938 条专利文献的标题和摘要的数据规范化处理是通过 CiteSpace 软件和人工相结合来完成的。经过统一“去噪”处理的数据避免了同义不同词、不规范词汇出现在技术术语共现矩阵中，保证了分析结果的客观性和科学性。

## 二、主要研究方法

主题研究一直是文献计量学和科学计量学研究中重要关注的问题，不仅需要知识计量等理论作为研究分析的理论基础，而且需要科学的研究方法做支撑。因此，本书将理论研究与实证研究相结合、定量分析与定性分析相结合，客观、全面揭示专利技术主题的结构及其变化。

### 1. 理论研究与实证研究相结合

本书在理论研究方面主要表现在：①在文献计量学和科学计量学的基础上，对知识计量的相关概念和专利技术主题结构的相关概念进行界定，如知识单元、知识群落、知识链索，技术术语、专利技术主题等；②阐述专利技术主题结构分析的相关基础理论，以及专利技术主题结构的形成机理和分析路径；③基于共词分析理论、知识网络理论、知识流动理论和社会网络理论等理论基础，构建知识网络视角的专利技术主题结构的分析模型、计量指标和分析方法。

在实证研究方面主要表现在：知识网络视角的专利技术主题结构分析主要是以一个具体的应用技术领域为研究对象，在前述的专利技术主题结构分析的相关理论基础上，对专利文献数据进行计量分析，验证研究方法的合理性和科学性。因此，依据构建的分析模型、计量指标和分析方法，通过对第三代移动通信技术领域的专利文献数据的计量分析，揭示专利技术主题的形成就是知识单元游离与重组的过程，继而展示第三代移动通信技术领域的专利技术主题的结构及变化。

**2. 定量分析与定性分析相结合**

本书主要是通过对某领域的专利文献数据进行定量分析，从而揭示该领域的专利技术主题的结构及其变化。因此以定量分析为主，定性分析为辅，定量分析的主要方法包括文本分析、共词分析、聚类分析、战略坐标分析和社会网络分析，分别对技术术语、专利技术主题、强链接等进行计量指标测度。定性分析主要结合战略坐标图中的专利技术主题的象限分布、关联结构图谱中的关键节点、强链接中的关键技术术语，对专利技术主题结构进行分析与解读。

## 三、主要软件工具

**1. CiteSpace 软件**

CiteSpace 软件是美国德雷克塞尔大学的陈超美博士基于 java 平台开发的文献数据处理与可视化软件，可用于共被引分析、共词分析等，可以生成共被引网络、主题词共现网络等，还可以计算网络的多个指标值。本书主要利用 CiteSpace 生成共现矩阵的功能，生成技术术语共现矩阵，在此基础上对专利技术主题结构进行分析。

**2. Excel 应用软件**

Excel 是微软公司 Office 的组件之一，具有简单易用、数据直观、功能强大等优点。Excel 中内嵌的函数公式，可以完成数据的管理和分析任务，可以根据计算的需要选择相应的公式函数进行计算。国内学者在共词分析中的词频统计和共词矩阵多是使用 Excel，本书利用 Excel 计算相关指标数值，如专利技术主题的外联度和内联度、新颖度和关注度、最大外联度等数值都是运用 Excel 软件中的 MAX 函数、SUM 函数、COUNTIF 函数、COUNT 函数、Average 函数等来计算的。Excel 还是很好的共词分析的可视化工具，如战略坐标图的绘制、技术主题强链接的识别等。

**3. Ucinet 与 Netdraw 社会网络分析软件**

Ucinet 是社会网络分析软件之一，具有强大的计算功能，拥有 NetDraw 等分析程序，是由博卡提（S. P. Borgatti）、艾维瑞特（M. G. Everett）和弗里曼（L. C. Freeman）制作的[67]。社会网络分析主要是通过网络中的节点关系的模式、结构等研究，直观展示网络内部各节点之间相对稳定的关系模式或“结构洞”模式。因此，可以将以 . net 和 . xls 等格式的网络数据输入 Ucinet 绘制知识网络图谱，并加以分析。本书主要利用 Ucinet 和 NetDraw 软件绘制专利技术主题的关联结构图谱，并运用 Ucinet 计算功能计算专利技术主题的中间中心度，确定核心专利技术主题。

## 第四节　研究思路、主要内容、创新点

### 一、研究思路和基本框架

本书在知识计量的相关概念和理论基础上，以第三代移动通信技术为例，在德温特革新索引专利数据库中检索并下载相关专利文献数据，运用陈超美博士开发的 CiteSpace 软件从专利文献的标题和摘要中提取技术术语，并生成技术术语共现矩阵（整个时段和分时段）；在卡龙的共词聚类分析原则和方法的基础上，依据技术术语共现矩阵进行聚类划分，确定聚类成员大于 2 且不大于 10 的有效聚类；分别计算出每个聚类的新颖度和关注度、外联度和内联度，从位置维度展示专利技术主题的象限结构及其变化；从关系维度分析专利技术主题的关联结构和强链接结构。具体思路如下：

首先，确定载于美国科学情报研究所（ISI）的 Web of Science 中 Derwent Innovation Index（DII）数据库作为本书分析的专利文献数据来源，根据第三代移动通信技术领域的专业知识和国内外认可的检索式，以及 DII 数

据库的服务公司的咨询结果，确定能够客观反映第三代移动通信技术领域专利的德温特手工代码检索式 MC＝（W05-D06G5G OR W02-C03C1G OR W01-C01D3G），检索并下载有效数据 16938 条，并对数据进行标准化统一格式处理。

其次，利用 CiteSpace2.2 R11 软件从专利文献的标题和摘要中抽取技术术语，并以余弦指数为指标生成技术术语共现矩阵，即 1994—2010 时段、1994—2003 时段、2004—2005 时段、2006—2007 时段、2008—2010 时段的技术术语共现矩阵。借鉴卡龙的共词聚类分析原则和方法，进行聚类划分，确定聚类成员大于 2 且不大于 10 的有效聚类。

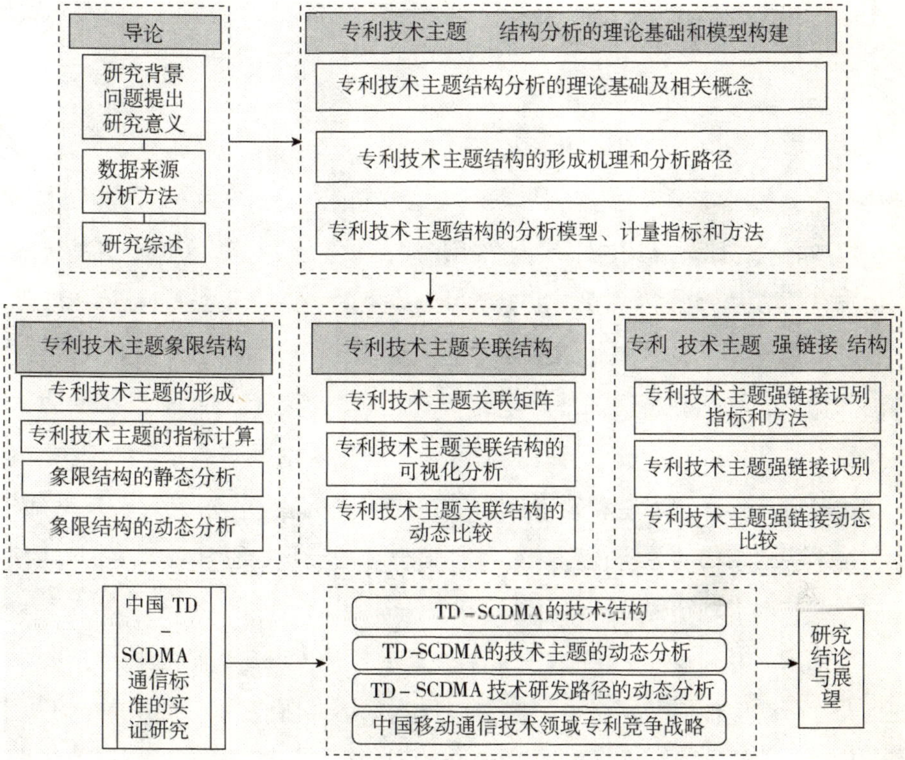


**图 1.3 研究框架图**

**Fig. 1.3 Research framework**

再次，根据构建的计量指标体系，分别计算出每个聚类的各主要计量指标的数值，即新颖度值和关注度值、内联度值和外联度值等。运用战略坐标分析法分别绘制 1994—2010 时段、1994—2003 时段、2004—2005 时段、2006—2007 时段、2008—2010 时段的战略坐标图，对专利技术主题的象限结构进行静态和动态分析。

最后，基于技术术语的共现矩阵，构建专利技术主题的关联矩阵，运用 Ucinet 软件绘制专利技术主题关联结构图谱；另以最大外联度指标，构建最大外联度的技术术语共现矩阵，识别专利技术主题的强链接。从关系维度对专利技术主题的关联结构和强链接结构进行静态和动态分析。本书的基本框架如图 1.3 所示。

## 二、主要研究内容

本书的主体部分包括七章。

**第一章** 导论：主要阐述本书研究背景、问题的提出和研究意义，并对国内外相关的研究现状进行文献综述。在此基础上提出本书的研究问题、研究视角和研究思路，介绍本书研究中所采用的数据及规范化处理、分析方法；阐述本书的结构安排、主要研究内容，并对本书的主要创新点进行精炼和概括。

**第二章** 专利技术主题结构分析的理论基础和模型构建：本书主要运用共词分析法、聚类分析法和战略坐标分析法，以第三代移动通信技术为例，对专利文献数据进行计量分析。首先界定专利技术主题结构分析的相关概念和理论基础；其次阐述专利技术主题结构的形成机理和分析路径；最后架构专利技术主题结构的分析模型，选取科学合理的计量指标和分析方法。为后文的专利技术主题结构分析奠定理论和方法基础。

**第三章** 专利技术主题的象限结构分析：运用 CiteSpace 软件从专利文献的标题和摘要中抽取技术术语，并生成技术术语共现矩阵，运用卡龙的共词聚类分析的原则和方法进行聚类划分，分别计算每个聚类的新颖度和关注度、中心度和密度两对指标的数值，运用绘图软件绘制专利技术主题的战略坐标图。从位置维度直观展示专利技术主题的象限结构，并对不同时段的专利技术主题的象限结构及变化进行动态比较分析。

**第四章** 专利技术主题的关联结构分析：构建专利技术主题的关联矩阵，运用社会网络分析方法绘制专利技术主题关联结构图谱。从关系维度静态和动态地直观展示专利技术主题关联结构及其变化。

**第五章** 专利技术主题的强链接结构分析：首先提出专利技术主题强链接的识别步骤与方法，并基于最大外联度指标识别专利技术主题的强链接；其次运用绘图软件绘制专利技术主题强链接结构图。从关系维度揭示专利技术主题的强链接结构及其变化。

**第六章** 中国 TD-SCDMA 通信标准的实证研究：运用本研究所用的研究方法和指标，以中国的 3G 标准 TD-SCDMA 为案例进行实证分析，分别展示 TD-SCDMA 基于战略坐标分析的象限结构、基于社会网络分析的关联结构和强链接结构，最后将中国的华为、美国的高通、韩国的三星进行比较分析，揭示出华为的优势与不足，从而提出我国通信移动业的专利竞争战略。

**第七章** 结论与研究展望：结合上述对专利技术主题的象限结构、关联结构和强链接结构的静态和动态分析，概括总结本书的研究结论，同时指出本书存在的不足及需要进一步研究的问题，并针对不足和进一步研究的问题提出设想和展望。

## 三、创新点

专利文献是由诸多知识单元组成的，它可以用能够反映研究内容和方向的专利技术主题加以表征。专利技术主题的形成就是知识单元游离与重组的过程。因此可以说，一个专利技术领域的发展史，就是一个由专利文献网络记录的基于知识单元构成的专利技术主题的演进史。本书综合运用共词分析、聚类分析、战略坐标分析和社会网络分析等方法，借助专利文献数据，从知识网络视角对专利技术主题结构进行分析，无疑是一个具有学术价值和现实意义的新课题。本书的主要创新点是：

（1）在界定专利技术主题和阐释专利技术主题的形成是知识单元游离与重组过程的基础上，构建了分析专利技术主题结构的理论框架和分析模型。

自波普尔提出的客观知识的网状结构、卡龙提出共词分析方法及其理论基础以来，国内外逐渐兴起了运用共词分析理论与方法来揭示学科领域知识网络的研究。虽然诸多研究者已经熟知关键词共词聚类是构成知识网络的知识基础，但在理论和方法上还没有形成完善的理论方法体系和指标体系，也很少从理论上揭示关键词共词聚类形成知识网络的机制和路径。共词聚类与共被引聚类的知识流动具有相似之处，施引文献是对被引文献集中的知识单元的重组，而共词聚类是从施引文献中把知识单元游离出来，并重组形成新的知识单元，这些新的知识单元成为知识网络中新的节点，与原有的知识单元形成新的链接。因此，本书在知识计量的相关理论基础上，从专利文献中抽取技术术语，通过聚类与重组形成专利技术主题，阐释了专利技术主题的形成是知识单元游离与重组的过程，论析专利技术主题形成的机理和专利技术主题结构分析的主要路径，构建起以技术术语共现矩阵与技术主题关联矩阵为手段，以知识单元的游离与重组为内容的专利技术主题结构的分析模型、分析指标和方法，从而为后续研究奠定基础。

(2) 以专利技术主题为知识网络的节点，通过专利技术主题在战略坐标中的象限分布，从位置维度展示第三代移动通信技术领域专利技术主题的象限结构及其变化。

目前对科学领域知识网络的已有研究主要以期刊论文的引文分析为主，以专利文献为对象的引文分析目前还存在诸多障碍，如缺乏文本挖掘技术和分析工具等。运用专利计量方法分析技术领域的研究主题，多数局限在宏观层面的数量统计和趋势分析，主题的分布状况主要依赖专利数据库提供的简单分析工具。本书运用基于知识单元的专利计量分析方法，揭示并展现第三代移动通信技术领域的主要研究内容和方向。因此在知识计量中不仅研究知识单元本身，而且研究知识单元之间的关联关系。第三章以第三代移动通信技术领域的专利文献数据为例，从专利文献集合中提取出知识单元，经过知识单元的聚类和重组形成知识群——专利技术主题，通过专利技术主题在战略坐标中的象限分布，从位置维度展示第三代移动通信技术领域专利技术主题的象限结构及其变化：位于第一象限的核心专利技术主题和位于第二象限的新兴专利技术主题，是技术领域的主要研发方向和研发趋势，通过蕴涵在专利技术主题之间的继承和更新关系，可以揭示出该领域的研究内容和方向的变化。这些可以为第三代移动通信技术领域的核心技术主题或有发展潜力的技术主题的研发投入、政策扶持、制定专利战略提供借鉴和参考。

（3）构建了专利技术主题的关联矩阵和最大外联度的技术术语共现矩阵，运用中间中心度和最大外联度指标，从关系维度展示专利技术主题的关联结构和强链接结构。

知识群之间的关联关系是形成知识网络的重要基础。因此，可以运用不同的计量指标、不同的分析方法和手段来展示专利技术主题之间的关联关系及其动态变化。专利技术主题是以技术术语间的共现矩阵为基础运用共词聚类分析法进行划分和构成的，因此专利技术主题之间必然通过内部的技术术语形成若干链接，包括强链接和弱链接。本书第四章通过专利技术主题的关联矩阵的构建，对专利技术主题关联结构进行静态和动态分析，以直观的知识图谱方式展示专利技术主题的关联关系和中间中心度较高的核心专利技术主题。第五章在专利技术主题关联关系的基础上，构建了专利技术主题强链接的识别方法和最大外联度指标，计算和比较每个专利技术主题内的技术术语的外联度值；进而建立最大外联度的技术术语共现矩阵，识别不同时段专利技术主题的强链接，并绘制出树状的专利技术主题强链接结构图；通过比较不同时段的关联结构图谱和强链接结构图，以及专利技术主题中间中心度和最大外联度的技术术语的变化，揭示专利技术主题关联结构和强链接结构的发展变化，即专利技术主题的继承和更新、新专利技术主题及新链接的形成、专利技术主题间链接强度的增强等，从而展示了一个技术体系内部的专利技术主题之间的支撑关系和交叉融合趋势。这些可以为第三代移动通信技术体系的相关技术和上下游产业技术的研发提供参考。

# 第二章 专利技术主题结构分析的理论基础和模型构建

## 第一节 理论基础及相关概念

知识计量学（knowmetrics）的创建构想是由大连理工大学刘则渊教授在两届科学计量学与情报计量学的国际研讨会上提出的。他指出："看来很有必要将科学计量学拓展为'知识计量学'，并与经济计量学结合起来，对知识生产和应用、知识投入和产出、知识存量和流量、知识分配和转移、知识价值和价格等，进行广泛的跨学科的计量研究。"[68]他对创建知识计量学的必要性和知识计量学的研究对象、研究方法做了初步讨论[69]。2002年在《关于知识计量学研究的方法论思考》一文中，他将知识计量学定义为："知识计量学是以整个人类知识体系为对象，运用定量分析和计算技术对社会的知识能力和知识的社会关系进行综合研究的一门交叉学科，是正在形成的知识科学中的一门方法性的分支学科。"[70]此后，以知识单元为分析基础的知识计量学，逐渐成为人们分析知识结构的新视角。

已经发展成熟的文献计量学、科学计量学和信息计量学虽然在计量中也涉及知识单元，但与知识计量学中的知识单元的计量研究有所不同：知识计量学包含着文献计量学、科学计量学的主体部分，但不能完全包含；知识计量学是信息计量学的主体部分，展示着信息计量学的深化方向[3]。因此，知识计量学可以从文献计量学、科学计量学和信息计量学中借鉴研究思路和方法，用于知识单元的微观和宏观的计量分析。

知识计量学的研究具有层次性，可以在纵向与横向、微观与宏观等层面上展开研究。在横向上，知识计量学从理论到应用包括普通知识计量学、知识类别计量学、知识过程计量学、知识产品计量学、知识评价计量学等五个基本研究领域。在纵向上，知识计量学包括知识单元、知识链索、知识群落、知识网络、知识体系等五个层面。其中通过知识单元、知识链索的微观层面的研究，提取文献、句子、短语和词汇等知识单元，探究学术概念、科学问题、研究专题的生成机理、演进路径，解析知识单元的涌现性、脆性和自组织性等特征；通过知识群落、知识网络等中观层面的研究，利用聚类分析、共被引分析、可视化分析等手段，探究知识领域、基元学科、学科群组的结构、热点问题、前沿方向、演进动力、演进机理等；通过知识体系的宏观层面的研究，运用网络分析、多元动态分析等方法辨识宏观知识结构等[3]。

知识计量学的创建虽然时间不长，理论还尚未成熟，但是在文献计量学和科学计量学的研究范式基础上，已经基本形成一个以知识单元为研究对象的研究范式，已经具有了相应的理论基础和方法基础。

## 一、理论基础

### 1. 知识网络理论

贝克曼（M. J. Beckmann）从概念层面把知识网络抽象定义为“知识网络是进行科学知识生产和传播的机构和活动”[24]。科巴斯（K. Kobashi）则认为知识网络是由节点的集合以及节点之间的联系而构成的动态系统[71]。美国国家科学基金会（NSF）认为知识网络是一种社会网络，可以提供知识和信息的利用。由于知识的载体不同，知识流动会形成不同的网络，主要有知识主体之间的网络、人为主体的网络、团队知识网络、知识与知识之间的网络以及多种类型的节点或关系构成的知识网络等[72]。本书的知识网络专指知识与知识之间的网络，是由知识单元、知识群落和知识链索构成的网络状知识体系，即特定领域内的知识单元作为节点，以知识单元之间的关联作为边或者链而构成的网络[73]。

从知识场理论视角来看，知识网络是一个知识场网络，国内学者李喜岷认为，“知识场是建立在知识单元基础上的更高一个层次的知识体系，是科学发展到一定阶段的产物”[74]。知识网络中的知识节点在空间中相互作用构成了知识场，知识单元在场中按照一定规律流动，各个知识节点的知识势能不断变化，随着势能的变化知识节点不断运动，在场中通过知识流动完成知识的继承与创新。

从知识生命周期理论视角来看，知识（尤其是技术知识）和生物体一样具有孕育、成长、成熟和衰退等生命周期：孕育期包括知识的辨识与构思，成长期包括知识的确认与选择，成熟期包括知识的运用与标准化，衰退期包括知识的衰减与转移。

从知识链接理论视角来看，知识网络是知识单元链接网络，凸显了知识单元的独立性、知识单元的链接性和知识结构的完整性。特定领域内的知识链接网络是由该领域内的某一主题的每一知识链接所形成。

从知识地图理论视角来看，知识地图揭示了知识网络的本质和知识的有序性[75]：知识单元是知识有序化的起点，通过对知识单元的研究，将离散的知识单元按照一定的结构规律组合、集成和自适应之后，可以发现和挖掘隐含的、未知的和潜在的有用知识；利用数据挖掘、知识发现、人工智能等技术实现知识单元的描述和标引，以及知识节点逻辑关系的揭示；通过揭示知识单元之间的关系，发现以往没有发现的某些知识之间的关系，从而产生新的知识，实现知识创新[73]。

20 世纪 70 年代，斯莫尔（H. Small）[76]和玛莎科娃（I. Marshakova）[77]将共被引分析技术引入科学知识图谱的研究中，1981 年 ISI 出版了开创之作《生物化学和分子生物学的科学地图》；20 世纪 80 年代，共词分析方法也被引入科学知识图谱的研究中[78][79]。20 世纪 90 年代以来是科学知识图谱研究的繁荣时期，新的分析软件和可视化技术的应用为科学知识图谱的研究提供了新的发展空间和便利条件[80]。

普赖斯较早对科学文献的知识网络进行了研究。他基于加菲尔德（E. Garfield）提出的利用文献之间的引证关系建构科学知识图谱[81]，以及“科学引文索引”数据库，详细研究了科学论文之间的引证与被引证关系，以及由此形成的“科学论文网络”[22]。他指出，在网络图上必有密集分布的小条或小块，如果把它们研究清楚，就可以绘制科学的地形图，随着“科学地形学”的建立，人们就可以指明各类期刊、各个国家、各国科学家和各类科学论文在科学地图上的位置，以及它们之间的相互关系。针对科学文献形成的网络，英国情报学家布鲁克斯（B. C. Brookes）提出了“认知地图”的概念，认为文献分析应该突破以组织文献为目的，而是分析文献中的知识内容或情报，发现人类在创造知识过程中的联系和规律，并把知识的结构像地图一样展示出来。布鲁克斯的思想展现了现代科学知识图谱研究的雏形[23]。

科学知识图谱属于科学计量学范畴，是以知识领域为对象，以知识网络形态展现知识的发展进程与结构关系的一种可视化知识图形与知识谱系。科学知识图谱的研究内容不仅包括了科学知识演化过程、科学知识结构、科学知识前沿，更好地理解科学知识的结构与发展，展示知识点、知识类、知识领域之间的相互关联和特征，揭示趋于融合或潜在的学科新领域或前沿；还可以反映知识主体间、知识客体间的知识流动。它具有“可视化的知识图形”和“序列化的知识谱”的双重性质与特征，显示了知识单元或知识群之间结构、互动、交叉、演化或衍生等诸多复杂关系。

但目前的科学知识图谱的研究，多数集中在小的或单一的学科领域[82]，新的可视化技术可以绘制科学全景图，并能探测新兴学科前沿的发展趋势，众多学者已经做出了尝试，如巴瑟古拉德（E. Bassecoulard）和兹特（M. Zitt）绘制了 32 个学科、141 个专业、2000 种期刊的层级结构网络图[83]；雷德斯多夫绘制了 5748 种 SCI 期刊及 1682 种 SSCI 期刊的科学网络图[84][85]；鲍亚克（W. Boyack）、克拉万斯（R. Klavans）和伯尔纳（K. Borner）绘制了 7121 种期刊的科学网络图[86]，等等。

**2. 知识流动理论**

知识流动是指知识通过一定的媒介方式将知识内涵的信息内容从知识生产者传递到使用者，使知识进行空间传播、转移的过程。知识流动是知识生产的必要条件，知识网络是知识流动最重要的载体。

在知识与知识之间的网络中，各个节点所代表的知识水平（知识存量）

是不同的，从而在节点之间产生了知识势差。在知识流动过程中，知识水平高的节点成为知识源，而知识水平低的节点成为知识的接受者。知识与流体类似从高水平节点向低水平节点流动。知识接受者并不表示它一定是知识需求者，其并不会无选择地吸收所有流向自身的知识，而是会根据自身的需要来决定是否吸收流来的知识，以及是否有必要在此基础上进一步进行知识创新。另外，知识接受者对知识的吸收能力和创新能力受其知识水平的限制。一般来讲，知识水平高的节点，吸收新知识的能力和创新能力都相对较高。该节点在完成知识的吸收和创新后，继续向下一节点传递知识。

在知识流动过程中，一个节点既可以是知识的供给者，也可以是知识的接受者。随着时间的推移，各个节点所拥有的知识水平也在不断地发生变化，在某一时段一个节点是另一个节点的知识需求者，在下一时段很可能这个节点就成为另一节点的知识供给者。随着知识流动，专有知识完成了向公共知识的转化，隐性知识完成了向显性知识的转化，是一个动态变化的过程[87]。

知识流动的动力因素主要有[88]知识进化、知识势差和区位势差。知识进化是一个自然选择、优胜劣汰的过程。知识优势是在知识流动过程中一条知识链相对于另一条知识链所表现出来的优势。知识优势包括：知识存量优势和知识流量优势。知识优势来源于知识链在成员已有知识基础上的知识流动过程中的知识共享和知识创造。

知识基因理论从知识基因遗传与变异的角度研究了知识的创建、增长、演化机制及其规律，认为知识是以知识基因的形式进行流动的。但其理论体系尚不成熟，有待探索[89]。

**3. 社会网络理论**

社会网络理论（Social-Network Theory）产生于20世纪30年代，是一种新的社会学研究范式。“社会网络”的概念从心理学、社会计量学、社会学、人类学、数学、统计学、概率论等领域不断深化，形成了一套系统的理论、方法和技术，已经成为一种重要的社会结构研究范式[90]。英国人类学家拉德克利夫·布朗[91]（A. R. R. Brown）最早使用“社会网络”的概念，但较成熟的“社会网络”的定义是由威尔曼（B. Wellman）于1988年提出的，即“社会网络是由某些个体间的社会关系构成的相对稳定的系统”[92]。

社会网络理论有两大分析要素：关系要素和结构要素。关系要素主要通过社会联结的密度、强度、对称性、规模等来研究行动者之间的社会性关系；结构要素通过研究两个或两个以上的行动者和第三方之间所构成的社会结构，揭示网络参与者在网络中所处的位置。具体包括强弱联结、社会资本、结构洞三大核心理论。

1973年格兰诺维特[93]（M. S. Granovetter）最先提出联结强度的概念，将联结分为强联结与弱联结两种，强联结和弱联结在知识和信息的传递中发挥着不同的作用。强联结是获取冗余资源的主要通道，弱联结是获取无冗余新知识的重要通道。但是，资源不一定总能在弱联结中获取，强联结往往是个人与外界发生联系的基础与出发点。网络中经常发生的知识流动往往发生于强联结之间[94]。

法国社会学家布迪厄[95]（P. Bourdieu）首先提出“社会资本”的概念。科尔曼[96]（J. S. Coleman）认为社会资本指个人所拥有的表现为社会结构资源的资本财产。个人参加的社会团体越多，其社会资本越雄厚；个人的社会网络规模越大、异质性越强，其社会资本越丰富；社会资本越多，摄取资源的能力越强。由于社会资本代表了一个组织或个体的社会关系，因此，在一个网络中，一个组织或个体的社会资本数量决定了其在网络结构中的地位。

1992年，博特[97]（R. S. Burt）提出了“结构洞”概念。无论是个人还是组织，其社会网络均表现为两种形式：一是网络中的任何主体与其他主体都发生联系，不存在关系间断现象，从整个网络来看就是“无洞”结构，这种形式只有在小群体中才会存在；二是社会网络中的某个或某些个体与有些个体发生直接联系，但与其他个体不发生直接联系或关系中断的现象，从网络整体来看好像网络结构中出现了洞穴，因而称作“结构洞”。由于存在结构洞，就为活动于结构空洞中的个体或组织提供了机会，带来了信息，并使资源通过这种新联结而流动，从而增加了社会网络的价值。结构洞的重要性并不与关系的强弱有关，因为在结构洞存在的时候，处于两者连接状态的第三者拥有两种优势：信息优势和控制优势。博特的结构洞观点可以看作是格兰诺维特的强弱联结观点的发展、深化与系统化。

20世纪60年代，社会网络分析在人类学领域兴起。人类学中主要有三个发展方向：①对社会网络概念层面的研究，如内德尔[98]（S. F. Nadel）认为社会不但是一个整体，更是一个由关系与模式构成的网络系统，关系取决于网络行动者相对其他行动者扮演角色的能力；②利用亲缘关系构建小样本代际关系网络；③社会人类学家开始用基于网络的解释来说明一系列社会现象[99]，如鲍特[100]（E. Bott）对英国家庭中夫妻家务分工模式的研究。

20世纪70年代，社会网络的研究重心转移到社会学，侧重于分析网络行动者所处的结构位置及其所扮演的角色[101]，并迅速扩展到其他领域[102]。结构上等价的个体面临相似的社会环境，对同样的事件会产生相似的反应，如相似的态度和行为[103]。

经过几十年的发展，“社会网络分析已经从初期的小群体研究扩展到社区、社会阶层、社会流动、社会变迁、社会整合与分化、城市社会学、经济社会学、政治社会学、组织社会学、社会工作、科学社会学、人类生态学以及一些边缘性学科如精神健康学、老年学等领域，甚至一些经济学家和心理学家也自觉运用社会网络分析的有关概念和方法研究经济与社会的关系和人与人之间的关系”[104]。

总体上，社会网络分析的发展过程表现出两种不同的研究取向[104]：一是整体网络分析，主要研究群体中不同角色在整体网络中的关系结构和地位，主要概念有簇、桥梁、紧密性、中距性、中心性、明星、联络人、孤立者、结合体、小团体等；二是自我中心网络分析，主要研究个体行为如何受到人际网络的影响，进而研究个体如何通过人际网络结合成社会团体，主要概念有网络的范围、密度、多元性、强弱联系等。

## 二、相关概念

### 1. 知识单元

知识，作为人的认识成果和人的活动要素，是人的主观世界对客观世界的概括和反映，是人类通过实践，在认识世界、改造世界过程中，对自然界、人类社会以及思维方式等规律性经验的认识与总结，也是信息通过人的思维，在大脑中进行重组后变成系统的信息集合[105]。

在科学计量学中，知识单元也称知识的内容单元，是指在知识管理中用来处理知识的最小的、不可分割的、独立的基本单元。知识单元可以用主题、关键词、知识本体、知识概念等表示。国内学者赵红洲等[106]在《知识单元与指数规律》中将"知识单元"定义为"不再分解的量化科学概念"，并对"知识单元"做了精彩论述："以数学形式存在的科学概念（如物理量、化学量等），可以定义为'知识单元'，如只有用矢量或势场的梯度表示的'力'，才能称'力'为知识单元；量化的科学概念，就变成知识单元，而定性化的知识单元，就退化成科学概念；知识单元就是粒子化了的科学概念，而科学概念又是场化了的知识单元。""任何一种科学创造过程，都是先把结晶的知识单元游离出来，然后再在全新的思维势场上重新结晶的过程。"这种过程不是简单的重复，乃是知识单元的游离与重组的过程，在重组中产生全新的知识系统，全新的知识单元；是在知识单元的重组中产生新的知识单元的创生过程，旧知识单元变为新知识单元的过程。

在知识计量学中，知识单元是文献计量和科学计量分析的基础，是可以对关联知识进行独立、自由、有效识别、处理与组合的基本单位[107]。知识单元有广义和狭义之分，广义的知识单元泛指文献中任何一种相对独立的单元内容和形式，是从文献中游离出来的具有相对独立性的知识信息单元。狭义的知识单元特指不再分解的构成整个知识系统的最基本单元形态[108]。从知识计量学与知识可视化关系来看："知识单元，是知识领域的基本单位，是知识计量学的核心概念；知识单元一般是以词语、概念、术语来表征的文献内容或信息内容，而且知识单元之间是相互联系的，存在着各种复杂关系；在一定条件下，某个关键的知识单元可能扮演‘知识基因’的角色，决定着特定领域知识的进化与突变。基于知识单元的特定知识领域所构成的复杂自组织知识系统，能够在可视化的知识图谱上展示知识的产生、传播和应用，展示知识的基础、中介和前沿，展示知识的结构、演化和重组，展示知识的涌现、断层和变革等。”

知识单元不仅可以直接表述知识的内容，知识单元之间还可以通过词频反映其在文献单元或一个领域中的重要程度，通过主题关联识别知识单元之间的学科关系、主题结构、关联程度，通过知识单元的不同组合发现新的知识单元。可以通过文献单元将使用该知识单元的文献单元关联起来，形成各种知识内容之间的内在网络化关联，蕴涵着各学科专业交叉渗透的关系特征。因此，基于知识单元的文献计量和科学计量分析主要目的是揭示单篇文献中的知识单元与某领域知识结构的链接关系，识别出知识单元与知识结构链接的普遍规律。不仅要研究知识单元的自身特征，还要研究知识单元之间的相互关系，包括关系网、链式结构等。通过对科学文献或专利文献中的知识单元进行可视化分析，以文献单元所包含的内容特征及其关系为基础，展示知识结构、知识发现和发展趋势等。

知识单元不同于文献单元，具有独特的属性[108]。①知识单元具有多维性。即每一个知识单元都可以同其他知识单元通过多种多样的形象、属性、关系相连。在固化的知识主题中，仅以知识单元自身的某一种或某几种形象、属性、关系而存在，其余的形象、属性、关系处于潜在状态。当其脱离固定的知识主题，作为独立知识单元而存在时，其所有的形象、属性、关系显现出来，呈现出知识单元的多维性或多向度性。②知识单元具有分合性。即较大容量的知识集合可以分解成较小容量的知识集合，分解成不再分解的知识单元。反过来，不再分解的知识单元可以组合成层次不同的各种容量和属性的知识单元。③知识单元具有重组性。即已有的知识单元按照某种实际的需要，进行创新性的元素重组和结构重组，生成新的知识单元或新的知识单元集合。④知识单元具有再生性。即通过知识单元的分解，促使知识的各种复杂层次结构和组成因素得以活化和激活，更加了解知识单元的构成因素和结构方式，根据实际需要对知识单元进行重组，生成再生性的新知识。路甬祥曾指出“对已有知识的科学整理与发掘，也可能有新的重大发现与理论创新”，如原子结构理论的建立、元素周期律的发现和DNA双螺旋结构模型的提出等，都是在已有研究的基础上，进行深入研究所获得的重大发现或理论创新[109]。

### 2. 知识群落

知识群落，即知识单元的集合，是由具有最紧密关联的一系列知识单元所构成的子簇[110]，常见于聚类分析中。知识群落通常可以看作某一学科领域内的子领域，在某一学科领域内知识群落的数量会随着学科的发展和研究的关注而不断发生变化，也可能会因为研究和关注的程度不同促使已有的知识群落的构成和形态被打破，形成新的、更多的知识群落。在共被引知识网络中，知识群落由期刊文献或专利所构成，在共词知识网络中，知识群落是由共现的词汇所构成，本书从专利文献计量的角度来定义知识群落，是指以知识单元表征的技术术语的集群或聚类。

### 3. 知识链索

知识链索，即知识单元的链条，或知识群的链条，是一种知识的关联或链接。依据知识单元之间的链接强度可以分为强链接和弱链接。知识链索既属于对知识网络的结构维度的研究，也属于对知识网络的过程维度的研究。知识网络中知识节点通过知识关联形成知识链索，知识链索是知识网络结构的主要构成，在整体知识网络中，知识链索又是新知识节点产生的具体过程。形成知识链索的关键节点上的知识单元，往往是知识转折点、构成知识群落或知识网络的中介桥梁。

### 4. 知识网络

知识单元之间的联系。知识网络中的节点代表了知识单元，节点间的连线表示了知识单元间的联系，连线的粗细则表征了知识联系的强度。具体包括有向知识网络和无向知识网络两种形式。

# 第二节　专利技术主题结构的形成机理和分析路径

## 一、专利技术主题结构的相关概念

### 1. 技术术语

技术术语是某一技术领域中一般概念的词语指称，一个技术术语表示一个概念，每个技术领域都有各自的专业技术术语，如信息技术术语、计算机技术术语等。技术术语既可以是一个单词，如“communication”（通信）；也可以是由若干单词构成的词组，如“Mobile communication system”（移动通信系统）；专有技术术语还需要借助介词或连词组成词组，如“Global System for Mobile Communications”（全球移动通信系统，GSM）。

专利文献是技术术语的主要载体，专利文献在研发内容上、学科属性上、专利权人等信息上存在某种联系，这些联系可以通过分类代码、手工代码、专利权人、学科属性等来揭示。任何专利文献的标题、摘要、说明书中都包含若干技术术语，将这些技术术语组织在一个专利文献之中，可以说明该专利是一种什么技术，表征该专利文献的主要研究内容和方向。就一个技术领域来说，有很多专利文献，每篇专利文献都由若干技术术语所构成，如果一个技术术语在该领域的专利文献集中频繁出现，可以表征该技术术语备受研究者的关注，如果在两篇或多篇专利文献中相同的技术术语较多，则表明这些专利文献在研究内容上具有相似性和相关性。同理，如果内容相同或相近的专利文献越多，共同出现的技术术语的数量和频次就越多。这些共现的技术术语在专利文献集中可以依据共现强度聚集成一个个子簇，每个子簇表征该技术领域的一个子领域或研究方向，是形成该技术领域的专利技术主题的基础。

本书分析中所使用的技术术语，是应用 CiteSpace 软件从专利文献的标题和摘要中提取出来的，提取原则是：在同一篇专利文献中一个技术术语无论出现多少次，都统计为一次，在同一篇专利文献中的各个技术术语之间的共现关系也是如此，无论一对技术术语共同出现了多少次，这对技术术语在同一篇文献中的共现频次都统计为一次。

**2. 专利技术主题**

专利技术主题由一组具有强文献表征功能的技术术语组成。强文献表征功能，是指能够鲜明地表征专利文献的内容特征，包括领域类别、研究内容和方向等。强文献表征功能可以通过各种知识单元来表征，如IPC分类代码、德温特代码、专利权人、技术术语等。本书通过技术术语来表征某技术领域专利文献的内容特征。专利技术主题具有以下特点：

(1) 专利技术主题的强表征性：一个专利技术主题由一定数量（大于2且不大于10）的技术术语组成，依据主题词的受控性和规范性原理，一个专利技术主题内的技术术语集合能够表征该技术领域的一个研究内容或研究方向。

(2) 专利技术主题的易变性：专利技术主题是由一定时段的专利文献中的技术术语所构成，随着该技术领域研究的深入和扩展，技术术语的共现关系会发生变化：有些技术术语会因为研究者的视线转移而消失，有些技术术语会因为研究者的青睐而出现，这些变化势必会导致专利技术主题也随之发生变化，如专利技术主题的构成变化、原有专利技术主题的消失和新专利技术主题的出现等。

(3) 专利技术主题的相关性：由技术术语构成的专利技术主题之间具有关联性，在一个技术体系中，当一种或多种技术由于渐变或突变而发生演化时，其他与之相关的技术必须对其变化做出反应，以使技术间处于最佳匹配关系，否则会因为技术之间的不匹配或匹配状态较差，导致技术系统内部不同技术间产生摩擦和紊乱，使技术系统的运行整体效果下降。因此，在技术演进的自适应过程中，一方面要关注技术本身的性能和功能的变化；另一方面要关注相关技术之间的相互影响、相互作用。当技术系统中核心技术的性能和功能发生变化时，与其相关的技术也必须相应改变自身的性能，以便较好地与核心技术相匹配，这时整个技术系统也会升级换代，如移动通信的核心技术从模拟技术到数字技术再到无线技术，相应的传输技术、信道分配技术、天线技术、切换技术等都要相应做出调整，因此促使移动通信技术系统从第一代（简称为 1G）升级到第二代（简称为 2G），再升级到第三代（简称为 3G），以及第四代（简称为 4G）或下一代系统（简称为 NG）。

专利技术主题不同于核心技术和关键技术。核心技术一般是指企业长期积累的一组先进复杂、具有较大价值的技术和能力的集合体，而不是单个分散的技术或服务。而关键技术一般是指对于一个技术领域发展最紧要的、起决定作用的技术。因此，在知识网络中所形成的专利技术主题的内涵和外延都小于核心技术和关键技术，一项核心技术或关键技术可以通过某个专利技术主题来表征，但反过来一个专利技术主题不一定能表征一项核心技术或关键技术，可能多个专利技术主题才能表征一项核心技术。

**3. 强链接**

在技术术语共现网络中，知识链表现为多个技术术语之间的链接，表征技术术语的共现关系；在专利技术主题关联关系中，知识链表现为多个专利技术主题之间的链接，而专利技术主题之间的链接是通过专利技术主题内部的技术术语形成的。链接强度可以分为强链接和弱链接。在专利技术主题强链接结构中，知识链是专利技术主题中外联度最大的技术术语之间的强链接。因此，专利技术主题的强链接是在不考虑弱链接的情况下，通过每个专利技术主题内部的最大外联度的技术术语间的链接来表征的，即专利技术主题主要是通过这些最大外联度的技术术语与其他专利技术主题之间形成强链接，是两个专利技术主题相互链接的主要通道，也表征了强链接的两个专利技术主题在知识上的关联最紧密。

## 二、专利技术主题结构形成的机理

**1. 知识单元的游离与重组**

知识同生命一样具有周期性，不断继承、更新和再造，从新知识的产生到衰变为旧知识，经过知识的重组与再造，产生新的知识。基于文献所形成的共词网络，实质是施引文献群对被引文献群知识汇聚的结果，这个过程并不是知识的简单叠加，而是经过消化加工、融合创新，重组产生新知识的过程。

知识单元重组就是知识生产的过程，即“对客观知识中的相关知识单元在结构上进行重新组合使之有序化后形成知识产品的过程”[111]。是知识集合化、知识精炼化、知识整序化的过程。知识单元重组的核心是内容上的重新组合，不仅仅是文献中知识单元的序化，而且包括知识内部结构的变化、全新知识的产生。

文献群是由若干单篇文献构成的，每篇文献发表的时间是不同的，其中所包含的关键词出现的时间也就有所不同，对于一个关键词而言，如果其共现频次随着时间的变化越来越大，则表明该关键词所代表的研究内容和方向越受到关注，如果其共现频次随着时间的变化出现衰减，则表明该关键词所表征的研究内容和方向已经被边缘化，甚至被淘汰。关键词共现关系的首次形成时间表征了知识重组的开始。在某一研究领域的整个时段中，如果共现关系出现的时间越接近早期开始研究的时间，则表明知识单元的重组时间较早，如果共现关系出现的时间越接近于当前，则表明知识单元的重组时间较晚，后一种情况一般发生在知识单元的差异性较大、不同领域的术语通用等情况下，通过知识单元的交叉与融合产生新的研究内容和方向。

在共词知识网络中，知识群落和知识链索是基于知识单元衍生出来的两个基本概念，也是知识网络中不可缺少的构成要素。知识群落是知识单元的集合，在共词知识网络中，知识群落一般是以知识单元表征的关键词的聚类或集群，也可以是若干聚类的叠加和组合。知识链索用来表示知识单元或知识群落之间的链接关系。

在知识的继承与创新的过程中，专利文献作为技术研发成果的知识载体有着不可替代的作用。研发人员在具体的研发过程中，总是基于现有的技术专利文献或成果，从事专利的申请与研发。因此，知识单元的关联关系是文献之间形成知识关联的最典型方式之一，充分体现了知识单元的累积性、继承性和更新性，也展示了知识单元之间的离散、交叉与聚合或重组。

在共词知识网络中体现了知识单元的重组与再造。知识单元重组是将现有的旧知识重组生成新的知识单元。在科学技术领域，知识单元重组把知识单元生成新思想、新概念、新技术和新产品等。知识单元重组不是简单的1+1=2，不单纯是形式上的重新组合，还有内容上的融合。知识单元的重组如同物质单元一样，从科学技术文献中分解出更小的知识单元（或技术术语），分解过程中构成了知识结构（或技术结构）的演变规律，依据结构规律进行知识重组，就可以生成新的知识（或专利技术主题），该过程的实质就是知识单元的游离与重组（图2.1）。

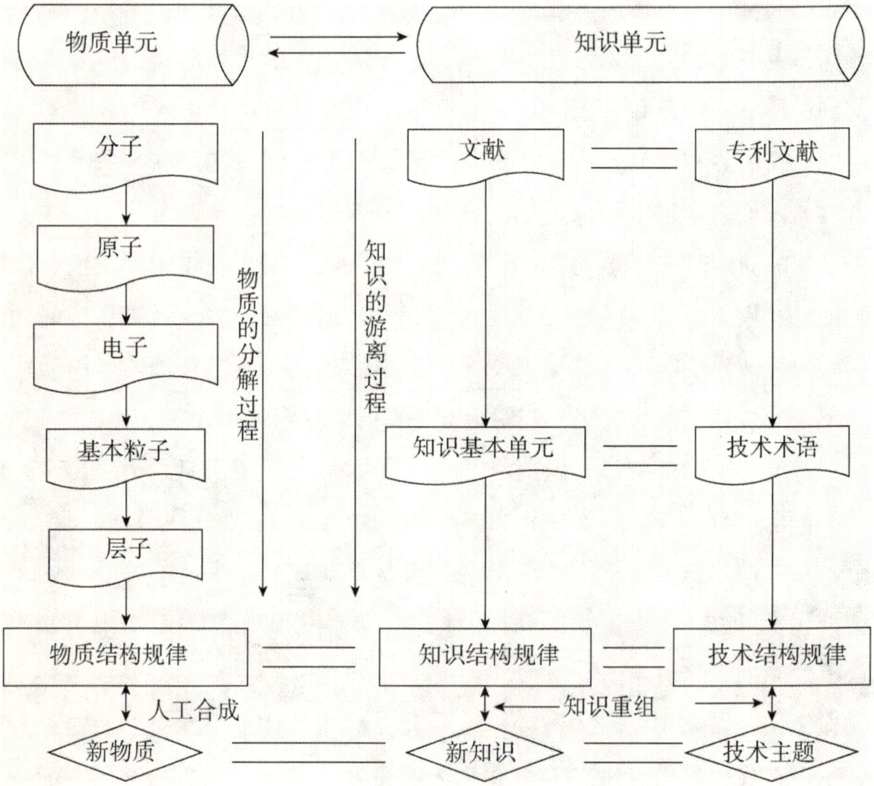


**图2.1 知识单元的游离与重组**

**Fig. 2.1 Division and recombination of knowledge units**

### 2. 共词网络中的知识单元重组

共词网络是由关键词之间的共现关系所构成的表达科学知识领域结构的客观知识网络（图 2.2）。共词知识网络的提出源于布鲁克斯的认知地图[23]、知识领域绘图和共词分析。共词分析方法的完善、共词矩阵的生成、分析指标的改进等为分析学科领域的知识结构提供了理论基础。共词分析是由法国的卡龙（M. Callon）和克泰尔（J. P. Courtial）等引入情报学领域的[78]。认为该方法不仅可以描绘特定学科领域的知识结构，还能结合时间序列揭示学科结构的演变。刘则渊和尹丽春[39]、王晓光[112]、伯纳尔[30]和昂央查(E. Onyancha)[113]等都通过关键词共现关系分析了特定学科领域的知识结构。

| 文章 | 关键词 | | | |
|---|---|---|---|---|
| A | a1 | a2 | a3 | a4 |
| B | b1 | b2 | b3 | |
| C | c1 | c2 | c3 | c4 |
| D | a3 | b1 | c4 | |

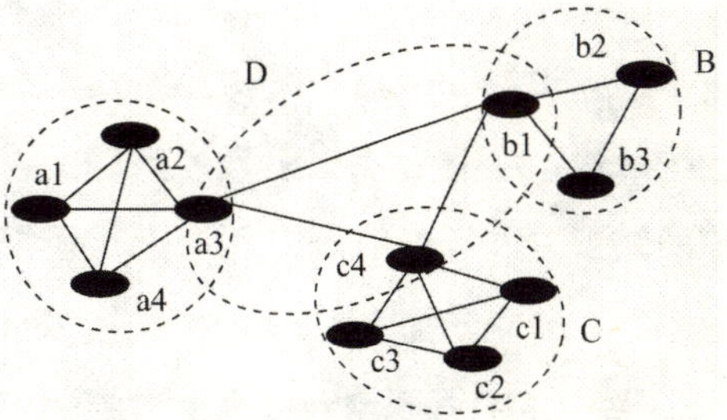


**图 2.2　共词网络中的知识单元的游离与重组[42]**

**Fig. 2. 2　Division and recombination of knowledge units in the co-word network**

在共词知识网络中，关键词间的关联强度并非完全一样。两个词汇在不同的文献中共现的次数越多，它们之间的关联强度就越大。根据主题词的受控性与规范性，主题词是文献研究主题的浓缩，如果两篇文献有两个以上的主题词相同，则表明这两篇文献在研究主题上相同或相近；反之，如果两篇文献的研究主题越接近，则相同的主题词就越多。如果一对主题词在文献集中的更多文献中共现，则表明这对主题词被关注的程度较高，属于该研究领域的一个主要研究内容和方向。如果这对主题词的年度词频不断攀升，则表明其所代表的研究内容和方向是该领域未来的研究趋势。

关键词的共词知识网络也是一种复杂网络。当文献数据足够庞大时，关键词之间的共现关系非常复杂，两个或多个关键词之间的共现关系是通过关键词之间的连线来表征的，连线的粗细表征两个或多个关键词之间的共现频次的多寡，共现频次越多，表明具有共现关系的关键词之间越具有高度的知识相似性或关联性。当一定数量的文献数据中的关键词之间建立了共现关系，关键词的共词知识网络也就随之形成，此时的关键词不仅仅是一个单纯的词汇，而是与其他关键词一起表现出知识网络的整体特性，以及自身在知识网络中的个体属性和关系属性。

在由大量的关键词所构成的共词知识网络中，具有共现关系的关键词会依据知识的相似性或关联性，通过聚类重组为知识群落。此时由关键词组成的知识网络就浓缩成知识群落的知识网络，连线的粗细表征两个或多个知识群落之间关联关系的强弱。通过对知识重组过程的分析，可以展示知识发展过程中的知识基础、知识结构、新知识的产生和知识结构变迁。从而根据知识的继承性，在前人知识积累的基础上，吸收继承与自身研究最相关、最有价值的知识，进行新的研究和探索；根据知识的变异性，结合研发经验进行知识创造，创立与前人不同的新理论、新方法和新成果。

**3. 从技术术语到专利技术主题的知识重组**

共词知识网络的知识单元重组机制促进了新知识的产生与再造，实现了知识的发展与变迁，同时也体现了知识重组的系统性、复杂性和自组织性等特征。当共词知识网络的知识单元重组使新的知识达到一定累积量时，一个新的研究内容和方向便应运而生，新的知识网络结构形成。

知识网络结构的概念最早是由波普尔提出的，认为客观知识世界（世界3）类似于动物创造的蛛网、蜂窝等，是客观的，这种客观知识的结构类似于蛛网或蜂窝，是一种网状结构[114]。在波普尔提出的客观知识的网状结构、卡龙等提出的共词分析方法的基础上，国内外专家学者开始应用共词分析方法和共词知识图谱来分析某学科领域的知识结构。但目前的研究只是从词与词之间的共现关系，运用聚类分析方法来揭示知识结构，而很少从知识群与知识群之间关联关系的视角来揭示知识结构特征。

在关键词之间形成的共词知识网络中，根据聚类分析方法，将从文献中游离出来的知识单元，按照一定的原则和方法重组成类群，每个类群代表一个研究主题，类群之间关系就形成了专利技术主题的知识网络。因此在知识网络视角的专利技术主题结构分析中，首先，需要从专利文献数据中提取出技术术语，共现频次高的技术术语将是知识重组的主要对象，技术术语重组后，将以专利技术主题表征研究内容和方向。其次，在共词知识网络中，那些共现频次较高的技术术语属于受关注程度较高的研究内容，会在共词知识网络中以其为核心形成汇聚效应，从而形成若干专利技术主题之间的关联关系，这些专利技术主题之间的关联就形成了专利技术主题知识网络结构。通过对专利技术主题知识网络中的核心专利技术主题的识别和分析，可以揭示所研究的技术领域的专利技术主题结构，以及专利技术主题在知识网络结构中的位置和地位。

一般来说，科学知识网络结构是由一定时期内的大量科学技术文献来体现的，即从文献中把知识单元游离出来，加以重组而形成新的知识群。其重组过程包括两个方面。

第一，科学技术文献集合中包含着大量游离的知识单元，而这些知识单元之间并不都是相互关联的，只有那些常常同时出现在同一篇文献中的知识单元之间才有关联性。从文献集合中将知识单元游离出来，运用共词聚类分析方法，将相互关联比较紧密的知识单元重组在一起形成知识群。在知识群中共现强度大的词对是知识群的核心主题词；中间中心度最大的知识群在知识网络中处于重要位置；外联度最大的词是知识群与其他知识群形成强链接的主要节点，这些重要节点在知识网络中起着重要作用。而那些共现频次低以及与其他词汇没有形成共现关系的词汇，仍然保持着游离状态。但并不表示这些词汇在该科学领域中的价值一定低，只是在目前的研究中，还没有与其他词汇形成共现关系。一旦共现关系形成，则可能意味着新的研究内容和方向的产生。

第二，在以核心主题词为核心通过共现强度而形成的共词知识网络中，具有知识关联和知识相似的词汇聚集一起形成共词聚类，由共词聚类之间的关联性构成知识网络。在聚类内部具有关联性或相似性的知识单元之间形成链接，在知识群之间会因为知识单元之间的链接形成诸多链接。知识群中的知识单元来自文献集合中的某篇文献，若集中在几篇文献中，则意味着这些文献之间具有知识关联性或知识相似性。通过选择相应的知识群的度量指标，来具体描述每个知识群在知识网络中的属性特征。因此，在文献集合中的一些有创见的科学技术文献中，既包含着对已有知识单元的继承与吸收，也包含着对知识单元游离与重组的结果，在重组中产生新的知识单元、形成新的知识网络。知识单元的学科差异性越大，知识单元重组的创造性越大，研究内容和方向越新。

**4. 关键技术术语在专利技术主题结构中的作用**

在共词知识网络中，专利技术主题之间既有区别又有联系。一般来说，专利技术主题内部的链接数量或强度都要高于专利技术主题之间的链接数量或强度，而且专利技术主题内部的技术术语之间都可以直接或间接形成链接。专利技术主题的起始词对于专利技术主题内部的知识链接起着重要作用，因为专利技术主题是按照与共现强度最大的起始词中的任何一个具有较强的共现关系来形成的。在专利技术主题之间，会通过专利技术主题内的技术术语与其他专利技术主题内的技术术语形成链接，形成链接的这些技术术语使两个专利技术主题之间建立了知识上的关联关系，但可能会因为专利技术主题之间的链接较多，使得两个专利技术主题之间的链接纷繁复杂。为了更清晰地描述专利技术主题之间的主要链接，可以确定在知识网络中的关键技术术语，来揭示知识单元在知识群内部和知识群之间的重要作用。

在知识群内部，专利技术主题的起始词与其他技术术语具有较强的链接。因此，这些作为专利技术主题起始词的技术术语在其所在的主题内部起着核心中介作用，与其他技术术语共同构成一个研究方向。若关键技术术语的作用发生改变，甚至将其移除，将会导致该专利技术主题内部无法形成全连通网络，技术术语重新回到游离状态。

在专利技术主题之间，关键技术术语促进跨主题间的知识重组。专利技术主题之间的关键节点是链接两个专利技术主题的主要通道或桥梁，表明两个独立发展的专利技术主题之间的关联关系。随着两个专利技术主题之间的链接数量和链接强度的提高，就会以关键技术术语为核心，两个专利技术主题中的技术术语被重组，两个专利技术主题之间发生交叉与融合，形成与原专利技术主题既有关联又不完全相同的新专利技术主题。这意味着技术研发领域中专利技术主题的发展变化，同时也会因为技术术语的重组导致专利技术主题结构发生改变。这种专利技术主题的交叉融合常常会发生在科学技术研发的实践过程中。

## 三、专利技术主题结构分析的主要路径

在专利技术主题结构分析模型的理论框架、形成专利技术主题结构的知识单元重组机理基础上，运用共词聚类分析、战略坐标分析、社会网络分析等方法，对共现矩阵或关联矩阵和关键节点进行定量与定性分析，揭示一定时期内某一专利技术领域的专利技术主题的静态结构和动态变化。不同类型的共现矩阵或关联矩阵，表征不同层次或不同知识单元的关联关系，因而专利技术主题结构分析的路径也有所不同。

### 1. 共现矩阵或关联矩阵的构建

本书的研究基础是共现矩阵或关联矩阵，因此，构建不同的共现矩阵或关联矩阵是本书的一个重要环节，直接影响分析结果的产生和结论的合理性。

共现矩阵或关联矩阵是知识网络的一种特殊表示形式，在矩阵中蕴涵着知识之间的各种关联关系。由于分析层次和研究对象的选取不同，因此需要构建不同的共现矩阵或关联矩阵。虽然本书分析的重点是专利技术主题结构，但是需要首先构建形成专利技术主题的基本知识单元——技术术语的共现矩阵，这是本书分析中最基础的共现矩阵。专利技术主题的生成以及结构分析都是基于技术术语共现矩阵进行的深入研究。

在专利技术主题象限结构的分析中，需要从技术术语共现矩阵中分离出每一专利技术主题内部的技术术语间的共现矩阵，用于计算该专利技术主题的新颖度和关注度、内联度等指标数值，还要分离出每一专利技术主题内部

的技术术语与其他技术术语间的共现矩阵，用于计算该专利技术主题的外联度和最大外联度等指标数值。

在专利技术主题关联结构的分析中，需要基于以上两种共现矩阵，计算出专利技术主题间的余弦指数值，并构建专利技术主题间的关联矩阵，用来绘制专利技术主题的关联结构图谱，识别中间中心度较高的专利技术主题。

在专利技术主题强链接结构的分析中，需要以技术术语的共现矩阵为基础，构建最大外联度的技术术语共现矩阵，用来绘制专利技术主题强链接结构图，识别形成强链接的两个专利技术主题。

**2. 专利技术主题结构的分析路径**

在本书中，主要是通过共词分析和社会网络分析来展示专利技术主题结构，但不是以技术术语为知识网络节点，而是以由技术术语所构成的专利技术主题为知识网络节点，从位置和关系两个维度来揭示专利技术主题结构特征及其动态变化。

第一，分别计算专利技术主题的关注度和新颖度、内联度和外联度，运用战略坐标分析静态展示两对指标情况下的专利技术主题的象限结构，即核心专利技术主题、次要专利技术主题、边缘专利技术主题和基础（或独立）专利技术主题在战略坐标中的象限分布。在静态结构分析的基础上，将整个时段分为四个时段，分别计算四个时段的各专利技术主题的内联度和外联度，动态展示专利技术主题的象限结构变化。通过专利技术主题战略坐标的静态和动态分析，从位置维度揭示专利技术主题的象限结构及变化。

第二，专利技术主题之间并不是孤立存在的，因此可以通过对专利技术主题之间关联关系的研究，展示专利技术主题的关联结构。本书中的专利技术主题之间的关联性是通过计算专利技术主题之间的关联强度指标数值（余弦指数值）来表征的，并建立专利技术主题间的关联矩阵，运用 Ucinet 软件绘制专利技术主题关联结构图谱，以中间中心度指标确定核心专利技术主题。从关系维度来揭示专利技术主题的结构特征及其变化。

第三，专利技术主题之间的关联关系有强弱之分，本书在专利技术主题关联结构分析的基础上，忽略掉专利技术主题之间的弱链接，凸显专利技术主题之间的强链接，从而揭示出专利技术主题之间相互关联的主要通道，展示两个专利技术主题之间在知识上的强链接结构。

## 第三节 专利技术主题结构分析模型、计量指标及方法

本书将以一个特定的技术专利领域为研究对象，从知识网络视角对该技术领域的专利技术主题的象限结构、关联结构及强链接结构进行分析与识别。

### 一、分析模型的建构

#### 1. 专利技术主题结构分析的一般模型

本书将以第三代移动通信技术领域为例，从知识网络视角对该领域专利技术主题的象限结构、关联结构和强链接结构进行静态和动态分析。专利技术主题是由大于 2 且不大于 10 个技术术语所构成，技术术语是在专利文献的标题和摘要中提取的知识单元，因此说专利文献是知识单元的重要载体，也是隐性知识显性化的主要途径。

专利是世界上最大的技术信息源，包含了全世界每年 90%～95%的发明创造成果。专利成为度量一个国家、企业的创新能力和竞争力的主要指标之一。专利文献是专利技术知识单元的主要载体，其详尽的分类特征、广泛的数据来源、时间上的承接等特征，表明借助专利文献来研究一个技术领域的专利技术主题的相关问题，是目前最具有客观性和可靠性的，能够真实展示专利技术主题的结构特征及其变化。

本书综合运用共词分析法、战略坐标分析法和社会网络分析法，采用定量与定性相结合的研究方法，构建专利技术主题结构的理论框架和分析模型，从某一技术领域专利文献的标题和摘要中抽取出技术术语，运用战略坐标分析法展示专利技术主题的象限结构，运用社会网络分析法展示专利技术主题的关联结构，运用共词分析法识别专利技术主题的强链接结构，分别从静态和动

态两个视角展示该技术领域的专利技术主题的结构特征及其变化。因此，知识网络视角的专利技术主题结构分析需要着重解决以下三个问题。

（1）专利技术主题名称的生成。本书选用余弦指数作为计量指标，在技术术语共现矩阵中，利用 MAX 函数找出余弦指数值最大的一对技术术语，聚类的其他成员的选取遵循至少要和该对技术术语中的一个有共现关系的原则。这对余弦指数值最大的技术术语确定为该聚类的中心主题词，来表征该聚类的研究内容和方向，此聚类即为一个专利技术主题，其他专利技术主题的生成均采用同样的方法。

（2）时间区间的划分。为了展示专利技术主题的动态变化，需要对整个研究时段进行时间区间划分。由于专利文献的时间在数据库中都是采用专利申请时间标引的，因此研发人员实际的研发成果与专利申请有一定的延迟或滞后，但根据专利的申请时间可以间接反映专利技术的研发状况，即如果某年一个领域的专利申请数量增加，则反映了该领域的研发成果增多，如果某时段的专利申请较多，则反映此时段该领域的研发比较集中。为了增加各时段的可比性，避免因研发的分散和集中导致专利数据悬殊，同时也要降低划分时段的随意性和主观性，按照专利文献数据基本相当的原则来划分时段，尽可能保证每个时段的专利文献数量基本相当，本书将 1994—2010 时段划分为 4 个时段，分别是 1994—2003 时段、2004—2005 时段、2006—2007 时段、2008—2010 时段。

（3）关键节点的确定。在专利技术主题关联结构和强链接结构的分析中，需要确定关键节点。在关联结构的分析中通过中间中心度指标来确定关键节点，该节点在专利技术主题关联结构中居于核心地位；在强链接结构的分析中通过最大外联度指标确定关键节点，每个专利技术主题的最大外联度的技术术语一旦确定，可以根据这些技术术语之间的共现强度的大小来识别强链接，如专利技术主题 1 与专利技术主题 2 的强链接，则表明专利技术主题 1 中的最大外联度的技术术语，与专利技术主题 2 中的最大外联度的技术术语的共现强度最高。

专利技术主题是有生命的、不断发展变化的，本书将在前人研究的基础上，利用共词聚类分析、战略坐标分析和社会网络分析，研究专利文献的专利技术主题，展示专利技术主题的象限结构、关联结构和强链接结构。其分析模型可以由图 2.3 来描述。

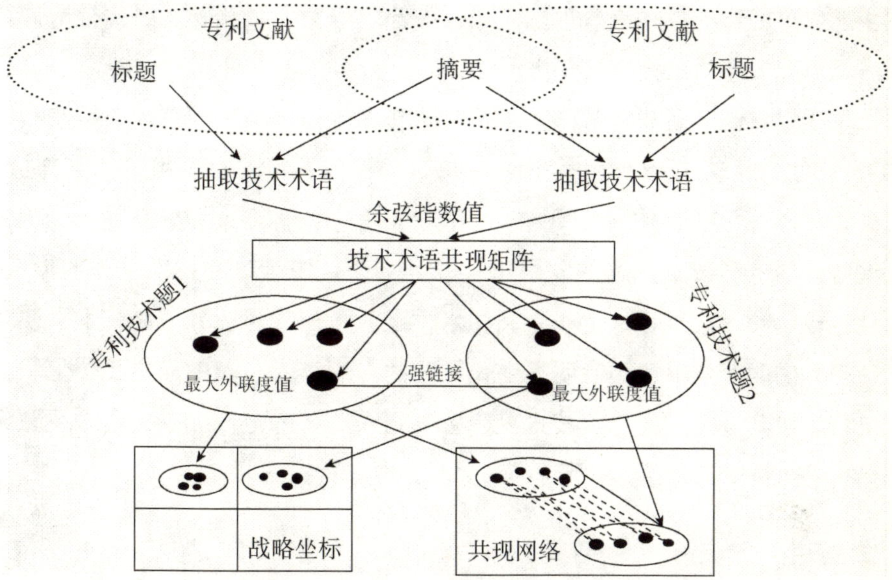


**图 2.3 专利技术主题结构的分析模型**

**Fig. 2.3 Analysis model of Patent technological topics structure**

### 2. 专利技术主题象限结构的分析模型

专利文献在科学技术发展和研发中具有极其重要的作用，不单是科学技术研究成果的载体，还能为科研人员提供参考信息。共现关系是知识单元之间形成知识关联的基本方式，既能表征专利文献的研究内容和方向，同时展示了知识单元之间的关联关系。

基于战略坐标的共词分析，是将已有的技术术语共现矩阵，运用聚类分析方法进行聚类划分，以二维的数对为坐标轴，将坐标平面分为四个象限，在二维的平面坐标图上直观展示专利技术主题的象限结构。处于不同象限的专利技术主题的含义依据二维数对的衡量指标具有不同的含义。共词网络中的节点是从某一领域的科学文献或专利文献中提取出来的，节点的共现频次表征节点的大小，节点之间的连线粗细表征节点之间的相关度强弱。由节点和连线所形成的共现网络表征了该领域的主要研究内容及相互关系。在共现网络中的节点之间根据相关性汇聚成一个个聚类，每个聚类的主题表征该研究领域的研究内容和方向。因此，基于战略坐标的共词分析是将某研究领域的主题以可视化的方式直观展示出来，按照二维数对的指标含义，分析该技术领域研究主题的结构及其变化。

本书在共词聚类分析的基础上，基于技术术语的共现矩阵，采用新颖度和关注度、内联度和外联度两对指标，展示一个技术领域在整个时段（1994—2010）的专利技术主题象限结构。同时基于内联度和外联度指标比较不同时段的专利技术主题的象限结构及其变化，揭示专利技术主题的形成、分化、成熟和消亡过程。由于专利技术主题的发展变化比较复杂，本书仅对战略坐标的四个象限中具有明显变化特征的专利技术主题的形成、分化和消亡进行比较分析，其他专利技术主题暂不列入分析的范围。专利技术主题象限结构的分析框架如图 2.4 所示。

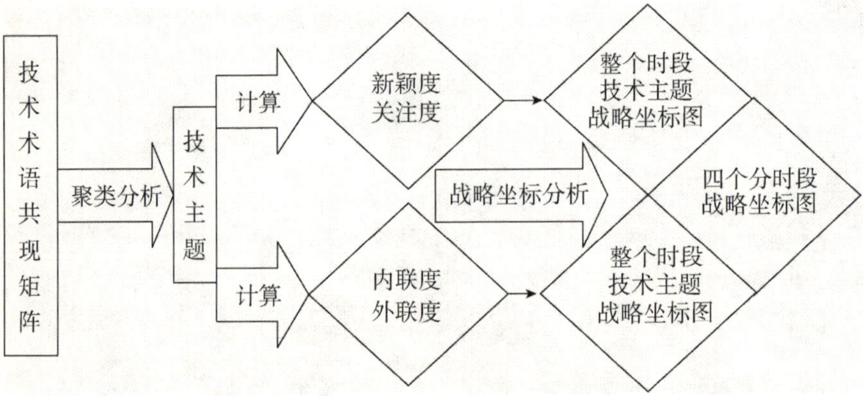


**图 2.4　专利技术主题象限结构的分析框架**

**Fig. 2.4　Analysis framework of Patent technological topics transformation**

### 3. 专利技术主题关联结构的分析模型

社会网络分析法主要是通过关系数据，对网络中节点间的关系进行分析，展示知识单元的关联关系。知识单元通过知识网络图谱中的节点来表征，节点的大小表示知识单元的频次大小，知识单元的关联通过节点间的连线来表征，连线的粗细表示知识单元的关联强度大小，连线越粗表示关联强度越大。本书将专利技术主题确定为知识网络中的节点，专利技术主题间的关联强度可以通过余弦指数值来度量，在关联结构图谱中通过连线的粗细来表征专利技术主题之间的关联强弱。但因为绝对的连线数、简单的余弦指数之和都存在极值或规模大小的缺陷，因此，采用专利技术主题内的所有成员与其他专利技术主题内的所有成员之间的余弦指数的平均值，来客观地表征专利技术主题之间的关联强度。专利技术主题关联结构的分析框架如图 2.5 所示。

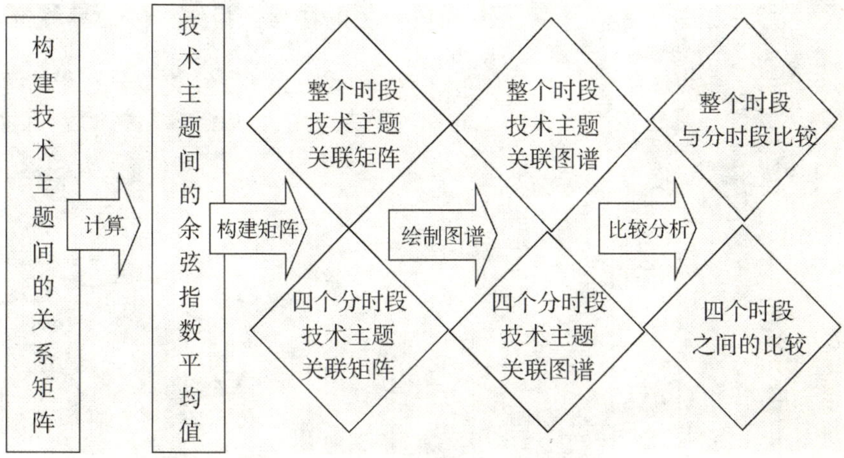


**图 2.5　专利技术主题关联结构的分析框架**

**Fig. 2.5　Analysis framework of Patent technological topics correlate**

**4. 专利技术主题强链接结构的分析模型**

每一个专利技术主题由 2～10 个技术术语（不包括 2）所构成，专利技术主题之间的链接通过内部的成员形成，关系网络比较复杂，包括诸多的强链接和弱链接。本书在专利技术主题结构的分析中，不考虑专利技术主题之间的弱链接，重点分析专利技术主题之间的强链接。首先确定专利技术主题强链接的识别指标，因为外联度指标主要度量专利技术主题内部的技术术语与专利技术主题外的其他技术术语的共现强度，通过比较一个专利技术主题内部的所有技术术语的外联度值，可以确定每个专利技术主题内的最大外联度的技术术语。如果专利技术主题内部的某个技术术语与专利技术主题外的其他技术术语的共现强度最大，则表明该技术术语是该专利技术主题与其他专利技术主题的主要链接节点。每个专利技术主题都可以确定其最大外联度的技术术语，那么这些关键的技术术语之间的链接就是专利技术主题间的强链接，但究竟哪两个专利技术主题在强链接结构中相邻，取决于关键技术术语的共现强度。

因此，首先需要确定专利技术主题强链接结构的根节点，即所有最大外联度的技术术语中外联度最大的技术术语，用专利技术主题的标号和最大外联度的技术术语的名称，来标示专利技术主题在强链接结构中的具体位置；其次再借助最大外联度的技术术语共现矩阵，按照共现强度的大小依次确定专利技术主题在强链接结构中的位置。专利技术主题强链接结构的分析框架如图 2.6所示。

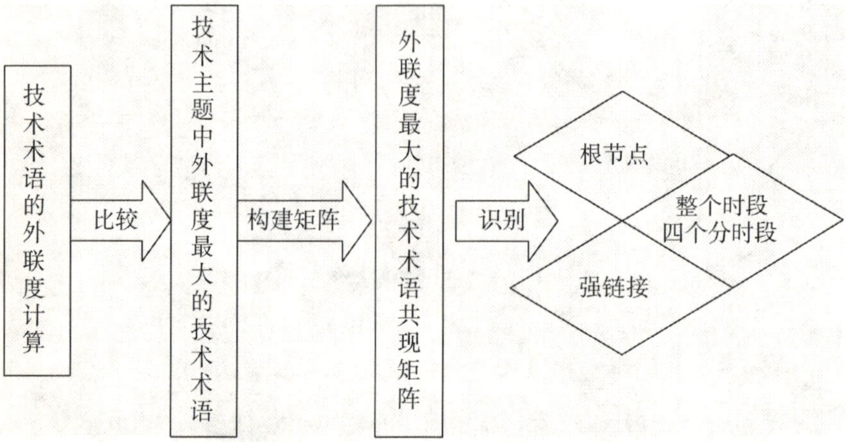


**图 2.6　专利技术主题强链接结构的分析框架**

**Fig. 2.6　Flow chart of strong links identification among Patent technological topics**

## 二、计量指标的选取

### 1. 余弦指数

余弦指数是用来测度共被引网络或共词网络中，文献之间的共被引关系和强度，或关键词之间的共现关系和强度的重要指标。其计算公式一般表

示为

$$Cosine = \frac{F(A,B)}{\sqrt{F(A)F(B)}} \tag{2.1}$$

式中，$F(A)$ 表示文献 $A$ 在给定文献集合中出现的次数；$F(B)$ 表示文献 $B$ 在给定文献集合中出现的次数；$F(A, B)$ 表示文献 $A$、$B$ 共同出现的次数。该指数的取值范围在 0 至 1 之间，值越大，表明知识单元间的共现强度越高；值越小，表明知识单元间的共现强度较弱；若值为 0，则表示两个知识单元之间不存在共现关系。在知识网络图谱中，通过连线的粗细来表征知识单元间的共现强度，连线越粗，共现强度越强；若两个点之间没有连线，则表明两个知识单元间没有共现关系。

本书中余弦指数主要表示给定的一对技术术语在专利文献集合中共现的概率，是在技术术语共现的频次基础上计算出来的重要指标，与其他计量指标相比，余弦指数能在一定程度上降低采用共现频次来评价技术术语间链接强度的局限性，能够客观地揭示技术术语间的链接强度，余弦指数既考虑了频繁使用的技术术语，也考虑了不经常使用的技术术语，允许重要的技术术语与最不重要的技术术语进行链接。

**2. 新颖度和关注度**

（1）新颖度

根据技术术语共现的时间，计算每个聚类的平均共现时间，以此反映该聚类技术研发主题的平均年龄，再计算每个技术研究主题的平均年龄与全部共现技术术语的平均共现年龄的离均差，称为“新颖度”。值有正负之分，若值为正数，则表明研发的时间比较晚；若值为负数，则表明研发的时间比较早。

若设共现的技术术语有 $N$ 个，形成 $K$ 个聚类，每个聚类中有 $M$ 个技术术语，用 $Y$ 代表出现的年份，则新颖度的公式为

$$ND_i = \frac{1}{M}\sum_{j=1}^{m} Y_{ij} - \frac{1}{N}\sum_{g=1}^{n} Y_g \quad (i = 1,2,\cdots,K) \tag{2.2}$$

式中，$ND_i$ 代表第 $i$ 个聚类的专利技术主题的新颖度；$\frac{1}{M}\sum_{j=1}^{m}Y_{ij}$ 为第 $i$ 个聚类的 $M$ 个技术术语的共现年度平均值；$\frac{1}{N}\sum_{g=1}^{n}Y_g$ 为 $N$ 个共现技术术语的共现年度平均值。

（2）关注度

根据各技术术语的共现频次，计算每个聚类技术研究主题的平均共现频次，再计算每个技术研究主题的平均共现频次与全部共现技术术语的平均共现频次的离均差，以此反映该聚类的受关注程度，称为“关注度”。值有正负之分，若值为正数，则表明该专利技术主题的研发受关注程度较高；若值为负数，则表明该专利技术主题的研发受关注程度较低。

若设共现的技术术语有 $N$ 个，形成 $K$ 个聚类，每个聚类中有 $M$ 个技术术语，用 $F$ 代表共现频次，则关注度的公式为

$$C_i = \frac{1}{M}\sum_{j=1}^{m}F_{ij} - \frac{1}{N}\sum_{g=1}^{n}F_g \quad (i = 1,2,\cdots,K) \tag{2.3}$$

式中，$C_i$ 代表第 $i$ 个聚类的专利技术主题的关注度；$\frac{1}{M}\sum_{j=1}^{m}F_{ij}$ 为第 $i$ 个聚类的 $M$ 个技术术语共现频次的平均值；$\frac{1}{N}\sum_{g=1}^{n}F_g$ 为 $N$ 个共现技术术语的共现频次平均值。

**3. 内联度和外联度**

在共词聚类分析中，技术术语依据聚类分析的原则和划分方法，分别进入相应的技术群。网络中某个技术术语与其他技术术语的链接就被分成两部分：一部分是该技术术语与其所在的技术群内部的其他技术术语间的链接，即内部链接，用来度量聚类内部的技术术语之间的链接强度，我们称其为“内联度”；另一部分是该技术术语与其所在的技术群之外的其他技术术语间的链接，即外部链接，用来反映技术群间的关联关系，决定该技术群在整个领域中的地位，我们称其为“外联度”。

（1）内联度

内联度指标用来描述给定的聚类内部知识单元的紧密程度。

设整个网络有 $N$ 个技术术语，划分出 $K$ 个聚类，每个聚类拥有 $M$ 个技术术语，$F_{ij}(A,B)$ 表示聚类 $i$ 方阵中技术术语对 $(A,B)$ 的共现余弦指数值，$\sum_{j=1}^{m^2} F_{ij}(A,B)$ 表示矩阵 $i$ 方阵中 $m^2$ 个技术术语对的共现余弦指数值之和，$G_i$ 代表聚类 $i$ 方阵中余弦指数值为 0 的技术术语对的数量，则 $M_i^2 - G_i$ 表示聚类 $i$ 的方阵中余弦指数值大于零的技术术语对的数量，则内联度的公式为

$$D_i = \sum_{j=1}^{m^2} F_{ij}(A,B)/(M_i^2 - G_i) \quad (i = 1,2,\cdots,K;2 < M \leqslant 10) \tag{2.4}$$

（2）外联度

外联度指标主要用来描述给定的知识群与其他知识群的关联关系。一个聚类与其他聚类相连的边数越多或关联强度越强，则该知识群的中心性相对其他聚类来说就越大。外联度的公式为

$$C_i = \sum_{j=1}^{m_i(N-m_i)} F_{ij}(A,B) \quad (i = 1,2,\cdots,K;2 < M \leqslant 10) \tag{2.5}$$

$$C_i = \sum_{j=1}^{m_i(N-m_i)} F_{ij}(A,B)/[M_i(N-M_i) - G_i] \quad (i = 1,2,\cdots,K;2 < M \leqslant 10) \tag{2.6}$$

式中，$N$ 为整个网络中共现的技术术语的数量，（$N-M_i$）表示聚类 $i$ 之外的技术术语的数量；$M_i$（$N-M_i$）为聚类 $i$ 中的技术术语与聚类 $i$ 之外的技术术语所形成的矩阵；$F_{ij}$（$A$，$B$）表示聚类 $i$ 中任一技术术语 $A$ 与聚类 $i$ 之外的任一技术术语 $B$ 的共现余弦指数值；$\sum_{j=1}^{m_i(N-m_i)} F_{ij}(A,B)$ 表示聚类 $i$ 中的所有技术术语与聚类 $i$ 之外的所有技术术语的共现余弦指数之和；$G_i$ 为 $M_i$（$N-M_i$）矩阵中余弦指数值为 0 的技术术语对的数量；$M_i$（$N-M_i$）$-G_i$ 为 $M_i$（$N-M_i$）矩阵中余弦指数值非零的技术术语对的数量。

**4. 中间中心度**

中间中心度（betweenness centrality）：主要用于测度行动者对资源控制

的程度，如果一个点处于许多其他点对的捷径（最短路径）上，就说明该点具有较高的中间中心度。中间性（betweenness）概念是由弗里曼（L. C. Freeman）于1979年提出的[115]，目的是测度一个节点在多大程度上位于图中其他节点的"中间"。如果一个行动者处于多对行动者之间，则该行动者的中间性较高。该节点可能起到重要的"中介"作用，处于网络的中心地位。

假设在一个点对 $X$ 和 $Z$ 之间存在 $n$ 条捷径，一个点 $Y$ 相对于点对 $X$ 和 $Z$ 的中间度指的是该点处于此点对的捷径上的能力，可以用"中间性比例"来刻画这个能力。其定义为：经过点 $Y$ 并且链接这两点的捷径数与这两点之间的捷径总数之比。它测度的是 $Y$ 在多大程度上位于 $X$ 和 $Z$ 的"中间"，即"中间中心度"。

假设点 $j$ 和 $k$ 之间存在的捷径数目用 $G_{jk}$ 来表示。第三个点 $i$ 能够控制这两点的交往的能力用 $B_{jk}(i)$ 来表示，即 $i$ 处于点 $j$ 和 $k$ 之间的捷径上的概率，点 $j$ 和 $k$ 之间存在的经过点 $i$ 的捷径数目用 $G_{jk}(i)$ 来表示，那么，$B_{jk}(i)=G_{jk}(i)/G_{jk}$。将点 $i$ 相应于图中所有的点对的中间度加在一起，就得到该点的绝对中间中心度，记为 $C_{ABi}=\sum_{j}^{n}\sum_{k}^{n}B_{jk}(i)$，$j\neq k\neq i$，并且 $j<k$。

点的中间中心度测度的是该点在多大程度上控制他人之间的交往。如果一个点的中间中心度为0，意味着该点不能控制任何行动者，处于网络的边缘；如果一个点的中间中心度为1，意味着该点可以100%地控制其他行动者，它处于网络的核心，拥有很大的权力。

## 三、主要分析方法

### 1. 共词分析法

共词分析法和共引分析法是文献计量学和科学计量学中的两种共现分析方法，都是基于文献数据进行的文献内容分析法。两种方法均可以通过文献数据来研究学科知识结构、研究热点、研究前沿、学科评价、知识流动、学科演进和学科范式等，但共词分析法和共引分析法在应用上存在区别：共引分析多用于研究成熟学科的研究范式或学科结构等，而共词分析多用于研究新学科、新领域的研究范式或成熟学科的研究热点等。

共词分析法主要包括词频分析、聚类分析、关联分析及突发词分析等。该方法主要是通过统计关键词对或主题词对两两在同一文献中的共现频次，并进行聚类分析。通过共词网络内节点之间的远近来反映高频或低频关键词或主题词之间的亲疏关系，形成由这些关键词对或主题词对所组成的共词网络，通过软件的使用绘制出知识网络图谱，直观展示关键词或主题词之间的关联性，以及这些关键词或主题词所代表的学科结构演变。

共词分析法通常用高频词聚类来分析过去和现在学科领域的热点，通过低频词聚类预测未来的学科研究热点，还可利用共词分析的可视化技术横向和纵向分析学科或领域的发展过程、特点以及领域或学科之间的关系，又可以反映某个专业的科学研究水平及其静态和动态结构，评价领域内研究成果投入和产出的关系。同时引入包容指数、临近指数、等值系数等指数，通过计算公式计算出相应指数值，并用知识地图等可视化手段直观地展示学科结构、研究前沿和发展演进趋势等。

但采用共词分析法所得出的分析结果是在一定的假设前提下成立的：根据主题词的受控性与规范性，关键词或主题词是文献研究主题的浓缩，如果两篇文献有两个以上的关键词或主题词相同，则表明这两篇文献在研究主题上相同或相近；反之，如果两篇文献的研究主题越接近，则相同的关键词或主题词就越多。如果一对关键词或主题词在文献集中的更多文献中共现，则表明这对关键词或主题词被关注的程度较高，属于该研究领域的一个主要研究内容和方向。如果这对关键词或主题词的年度词频不断攀升，则表明其所代表的研究内容和方向是该领域未来的研究趋势。如果一对关键词或主题词在文献集中不存在共现关系，则表明这对关键词或主题词所表征的研究内容和方向属于该研究领域的空白。因此，共词分析法主要根据由关键词或主题词共现关系所构成的共现网络、关键词或主题词的“位置”和“词频”，来揭示关键词或主题词之间的联系，并运用聚类分析形成若干聚类，表示该领域的若干研究内容和方向。

**2. 聚类分析法**

聚类分析法是根据一个领域的“知识单元”的共现强度，将“知识单元”按照聚类的一定原则和算法聚集成类，运用科学计量指标进行分析。但传统的共词聚类分析法存在一定的不足，本书对共词聚类分析进行了补充和完善，在一定程度上克服了不足。

（1）本书的专利文献数据来源于德温特革新索引专利数据库（DII），该数据库中的专利文献没有关键词的标引，本书的共词分析以“技术术语”为知识单元，运用美国德雷克塞大学的华裔学者陈超美博士研发的 CiteSpace 软件的取词功能，从专利文献的标题和摘要中抽取出来。这就避免了关键词标引的随意性所引起的“标引者效应”。但在抽词前根据需要对软件的运行进行了合理的设置，如“Maximum Words”设置为 8，“Matrix”设置为“ON”等。同时需要对专利文献数据进行一系列规范化处理（详见数据来源和标准化处理），在一定程度上增加了由 CiteSpace 抽取技术术语的科学性和客观性。

（2）本书借鉴并运用卡龙的共词聚类分析原则和方法，解决了按照词间距离最短的传统聚类没有中心主题词的不足。按照主题词的受控性和规范性，聚类内部的所有主题词是因为紧密链接而聚在一起的，它们代表着一个领域的某个研究内容和方向，其中应该有少数的几个主题词能够代表聚类的研究内容和方向，这几个主题词就应该是该聚类的中心主题词。依据卡龙的聚类分析原则，本书选用余弦指数指标的数值作为标准，在技术术语的共现矩阵中，利用 MAX 函数找出共现矩阵中余弦指数值最大的一对技术术语，该对技术术语即为第一个聚类的中心主题词，来代表该聚类的研究内容和方向。

（3）按照词间距离最短的传统聚类原则忽略了词间距离的传递关系，无法保证聚类中的主题词属于同一研究内容，如主题词 A 与 B 共现强度大，主题词 B 与 C 共现强度大，主题词 C 与 D 共现强度大，但主题词 A 和 B 与 D 都没有共现关系，这样主题词 D 会因为与主题词 C 有较强的共现关系进入该聚类，这样会对聚类名称的确定形成干扰，甚至影响聚类分析的结论。本书根据卡龙的聚类分析原则，确定每个聚类的成员最多 10 个，将余弦指数值最大的一对技术术语作为第一个聚类的中心主题词，其他聚类成员是按照与余弦指数值最大的该对技术术语中的任何一个技术术语的余弦指数值的排序，来选出有共现关系的技术术语作为聚类中的其他成员，如果有共现关系的技术术语超过 8 个，只选择余弦指数值较大的前 8 个技术术语，此时所形成的聚类达到饱和状态。如果有共现关系的技术术语不足 8 个，只选择余弦指数值大于零的几个技术术语，此时所形成的聚类成员不足 10 个，该聚类未达到饱和状态。当第一个聚类形成后，将进入第一聚类的技术术语从共现矩阵中删除，这样在形成第二个聚类时，就不会出现进入第一聚类的技术术语再进入其他聚类的情况，第二个聚类以及后面聚类的形成方法同第一个聚类的形成方法，以此类推，一直将所有有共现关系的技术术语分配到聚类中为止。最后如果在共现矩阵中剩下的技术术语间的余弦指数值为 0，这些技术术语不再加入任何聚类。

（4）传统的聚类方法无法辨别哪些聚类是主要聚类或核心聚类。第一，本书引入外联度指标，用来度量一个聚类与其他聚类的关联强度。对于特定的聚类，可以通过计算聚类内所有技术术语与其他聚类技术术语之间的余弦指数之和、平方和的开平方等，来计算一个聚类的外联度值。本书选用求和的计算方法来计算每个聚类的外联度。如果一个聚类的外联度值较高，则表明该聚类在整个共现网络中居于核心位置，该聚类可以称为核心聚类。第二，本书通过战略坐标分析，根据各聚类在战略坐标的四个象限的分布，来确定哪些聚类属于核心聚类，哪些属于基础聚类，哪些属于次级聚类，哪些属于边缘聚类。再根据战略坐标的横轴变量、纵轴变量来分析聚类的发展方向和变动趋势。第三，本书借助 Ucinet 软件和中间中心度指标，运用社会网络分析方法确定聚类的类别。因此，本书中所采用的外联度指标、战略坐标分析法和社会网络分析法都在一定程度上对聚类的类型划分具有积极意义。

### 3. 战略坐标分析法

战略坐标（Strategic Diagram）是约翰·劳等人于 1988 年提出的，在聚类分析的基础上，用来分析某一研究领域内部联系和领域间的相互影响，进一步分析某一技术领域的研发热点的结构及其发展变化[79]。战略坐标是在关键词的共现矩阵和聚类的基础上，用可视化的形式来展示聚类在平面坐标中的象限位置关系，根据每个聚类的象限位置及变化，来描述专利技术主题的象限结构及变化。

在战略坐标中，横纵坐标可以用一对计量指标来设定，不同的计量指标反映的问题有所不同。本书选用中心度和密度、新颖度和关注度两对指标，绘制专利技术主题战略坐标图。以中心度和密度指标为例，中心度指标用来测度某学科领域与其他学科领域之间的相互关联强度，一般某个学科领域与其他学科领域之间相互关联强度越大，说明该学科领域在整个研究工作中越趋于中心地位。密度指标用来测度某一学科领域内部组成聚类的词语之间的关联强度。在以密度为横轴、中心度为纵轴的战略坐标中（图 2.7），处于第一象限的聚类的密度和中心度都较高。较高的密度表明该研究主题内部相互关联紧密，研究趋向成熟。较高的中心度表明该研究主题与其他研究主题相互关联程度较强。第一象限中的聚类无论是内部链接还是外部链接都很紧密，表示该领域的研究处于核心地位，属于整个研究领域中较成熟的研究内容和方向，在整个研究领域中备受关注。

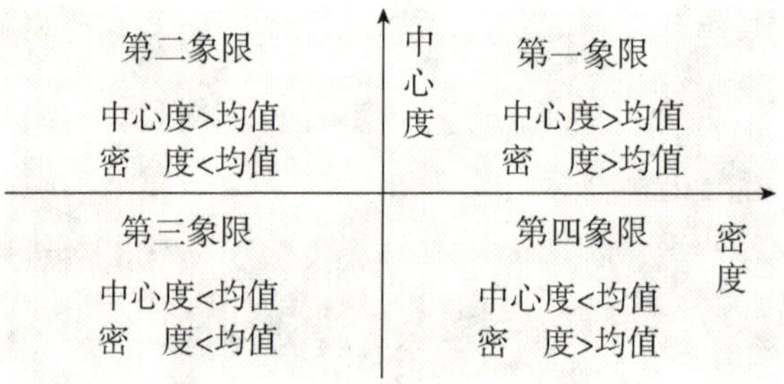


**图 2.7　战略坐标图**

**Fig2.7　Strategic coordinate**

处于第二象限的聚类中心度较高，密度较低，表明外部链接较紧密，但聚类的内部链接比较松散，不能很好地自成一体，因此在整个研究领域中居于研究网络的次要地位，聚类容易被分解、演化成其他相关聚类，但研究人员的兴趣比较广泛，具有潜在的进一步发展空间，但是不够成熟和不稳定。

处于第三象限的聚类的中心度和密度都较低，属于整个研究领域中的边缘主题，内外部链接都比较松散，表示该领域的研究处于周边地位，且不够成熟[116]，是否能成为研究热点具有不确定性。

处于第四象限的聚类的密度较高，但中心度较低。较高的密度表明研究主题的内部链接紧密，已经形成了一定的研究规模，较低的中心度表明与整个领域的其他主题链接不够紧密，独立性比较明显。由于与外部链接不够紧密，该研究内容和方向的发展受到一定程度的限制。

从中心度坐标轴来看，沿着箭头的方向，聚类的位置越靠上，聚类的中心度越大，表明该聚类与其他聚类的关联越紧密，该聚类在整个研究领域内占有比较重要的地位，是整个研究领域中备受关注的热点主题，这类主题往往不容易消失，具有较强的生命力和自我维护、自我发展的能力。沿着密度轴来看，沿着箭头方向，聚类在坐标中的位置越靠近右侧，则聚类的密度越大，表明该聚类内部的各成员间链接紧密，稳定性较强，属于整个研究领域中较稳定的研究内容和方向。

战略坐标可以从网络稳定性和网络比较[117]两个方面进行分析和评价，预测未来的变化和研究不同聚类在同时段内的差异，或相同聚类在不同时段的差异。一是根据处于不同象限的研究主题来判断主题的发展变化和发展方向，一般处于二、四象限的研究主题内容可能发生巨大的变化，第二象限中的研究主题需要增强一致性和内部链接，第四象限中的研究主题的范围可能需要扩展；二是根据相同聚类在不同时段的象限位置变化，判断研究主题的发展变化，即以时间维度纵观一个研究主题的发展过程：任何一个聚类的中心度和密度都处于动态的发展变化之中，如处于第一象限的聚类会因为密度的降低移动到第二象限，也可能因为中心度的降低移动到第四象限，更可能因为中心度和密度都在降低移向第三象限。其他象限的聚类如同第一象限的聚类一样，都会因为中心度或者密度的变化而发生移动。

#### 4. 社会网络分析法

社会网络分析法（Social Network Analysis，SNA）是 20 世纪 70 年代以来逐步发展起来的一种社会学研究方法，认为社会是由网络所构成，在网络中包含节点与节点之间的关系。社会网络分析主要通过建立行动者关系模型，对网络中节点间的关系分析，展示网络的结构及特征。该方法目前被广泛应用于知识管理、学科热点、引文分析等领域。

社会网络是由多个节点（行动者）和各节点之间的连线组成的集合，节点代表一个知识单元，连线（可以是无向或有向）的粗细表示知识单元的关联强度大小。社会网络分析主要是通过网络中的节点关联的模式、结构等研究，直观展示网络内部各节点之间相对稳定的关联模式或“结构洞”模式。社会网络分析可以探讨小群体、同位群、社会圈和组织内部等网络，可以从关系取向和位置取向两个视角进行分析。

本书首先运用统计函数（SUM、COUNTIF、AVERAGE 和 MAX 等）和软件（Excel）进行统计，构建专利技术主题之间的关联强度（余弦指数和）的矩阵；其次运用社会网络分析软件 Ucinet 和 NetDraw 绘制出专利技术主题关联结构图谱，直观展示第三代移动通信技术领域的专利技术主题的关联关系，并运用 Ucinet 软件和中间中心度指标，在专利技术主题关联结构图谱中直观展示核心专利技术主题及其他专利技术主题。

# 第三章 专利技术主题的象限结构分析

本章通过运用 CiteSpace 可视化软件的抽词技术从专利文献的标题和摘要中抽取技术术语，并以技术术语间的共现余弦指数值为指标，构建技术术语共现矩阵。借鉴卡龙的共词聚类分析的原则和方法，将共现网络中的技术术语进行聚类划分，再分别构建各聚类内部技术术语与聚类外其他技术术语间的共现矩阵。计算出每个聚类的内联度和外联度，绘制出以内联度和外联度为坐标轴的专利技术主题战略坐标图；另一方面，根据技术术语的共现频次和最早达到阈值的年份，分别计算出每个聚类的新颖度和关注度，绘制出以新颖度和关注度为坐标轴的专利技术主题战略坐标图。继而基于内联度和外联度的战略坐标的动态分析展示专利技术主题的象限结构及其变化。

所谓专利技术主题的象限结构，是指在二维的战略坐标图中，按照计量指标将坐标平面分为四个象限，专利技术主题按照计量指标的数值在战略坐标图中的象限分布。一般将位于第一象限的专利技术主题称为核心技术主题，位于第二象限的专利技术主题称为次级专利技术主题，位于第三象限的专利技术主题称为边缘专利技术主题，位于第四象限的专利技术主题称为基础或独立的专利技术主题。本章运用战略坐标分析法静态和动态地分析专利技术主题的象限分布结构及其变化。

## 第一节 专利技术主题的形成

### 一、技术术语共现矩阵

技术术语共现是指两个或更多的技术术语在同一篇专利文献的标题和摘要中同时出现。共现分析主要通过专利文献集中的技术术语与技术术语之间的关联，更好地展示技术术语之间的关系，从而揭示该技术领域的研究内容的内在关联性和技术领域的微观结构[118]。技术术语共现矩阵的构建需要经过以下步骤来完成：

（1）从专利文献的标题和摘要中抽取技术术语，建立专利文献与技术术语的对应关系矩阵，即 $A^{N\times M}$，$N$ 篇专利文献和 $M$ 个技术术语。

（2）由专利文献和技术术语的关联矩阵 $X$，通过矩阵运算得到技术术语的共现矩阵 $T=X^TX$，共现矩阵是一个 $M\times M$ 的方阵，其元素 $t_{ij}$（$i$，$j=1$，2，…，$M$）的计算公式为

$$t_{ij} = \sum_{k=1}^{N} x_{ik} \times x_{kj} \quad (i,j = 1,2,\cdots,M) \tag{3.1}$$

（3）技术术语共现矩阵给定了技术术语对的共现频次，但反映的只是一种表象，因为两个技术术语共现频次的多少直接受两个术语各自词频大小的影响。真正揭示技术术语之间的共现关系，需要引入表示技术术语共现相对强度的指标，Callon 在共词分析研究中引入了“equivalence”指标来表示术语间的关联值和链接的强度[117]。“equivalence”指标的计算公式为

$$E_{ij} = (C_{ij}/C_i)\cdot(C_{ij}/C_j) = (C_{ij})^2/(C_i\cdot C_j) \tag{3.2}$$

实践中这些步骤可以通过设计软件或程序来完成，本书主要选用美国陈超美博士基于 Java 平台开发的可视化软件来完成技术术语的提取和技术术语共现矩阵的生成。在 CiteSpace 的运行界面上进行基本设置，将规范化处理的数据导入软件程序中，以 1 年为一个时段，默认指标为余弦指数，阈值设为(2，0，0)、(8，0，0)、(8，0，0)，最终获得一个 476×476 的方阵（略）。方阵中的数值是 CiteSpace 软件默认的余弦指数值，数值的大小表示矩阵中技术术语间的共现强度。数值范围介于 0～1 之间，如果在方阵中的某个数值为 0，则表示对应的一对技术术语没有共现关系；如果某个数值大于 0，则表示与该数值对应的一对技术术语存在共现关系。根据余弦指数的定义可知，数值越大，这对技术术语的共现强度越大；反之则共现强度越小。

同样采用 1994—2010 时段技术术语共现矩阵的生成方法，来生成不同时段的技术术语共现矩阵。为了保证可比性，每个时段的阈值要以 1994—2010

整个时段 CiteSpace 运行时显示出来的每个时段的阈值来设定，具体阈值的设定和矩阵如下：

(1) 1994—2003 时段：阈值设为 (2, 0, 0)、(4, 0, 0)、(8, 0, 0)，获得 249 个技术术语，生成 249×249 的技术术语共现矩阵（略）。

(2) 2004—2005 时段：阈值设为 (8, 0, 0)、(8, 0, 0)、(8, 0, 0)，获得 284 个技术术语，生成 284×284 的技术术语共现矩阵（略）。

(3) 2006—2007 时段：阈值设为 (8, 0, 0)、(8, 0, 0)、(8, 0, 0)，获得 292 个技术术语，生成 292×292 的技术术语共现矩阵（略）。

(4) 2008—2010 时段：阈值设为 (8, 0, 0)、(8, 0, 0)、(8, 0, 0)，获得 303 个技术术语，生成 303×303 的技术术语共现矩阵（略）。

四个时段的技术术语共现矩阵中的数值仍然选用余弦指数数值，所表征的内容与 1994—2010 时段的技术术语的共现矩阵相同，这里不再赘述。

## 二、专利技术主题的生成方法

从专利文献的标题和摘要中抽取出来的技术术语虽然能够反映一个技术领域的概念和特征，通过技术术语的共现分析能展示主要技术及研究热点等，但是无法展示这些技术内容之间的联系。任何一个技术领域都是由若干专利技术主题所组成，各专利技术主题之间是相互关联的。而专利技术主题又是由若干（>2 且≤10）技术术语构成来表征研发主题的内容，单靠一个技术术语无法全面表征研发主题的内容。虽然构成专利技术主题的技术术语本身能在一定程度上表征一个研发主题的内容，但若干技术术语之间的相互关系是专利技术主题结构的主要方面。因此可以认为，专利技术主题是基于技术术语共现网络，由相互关联的技术术语构成的有机群落。

但究竟如何将这些相互关联的技术术语组织在一起构成专利技术主题，目前还没有一个统一的原则和方法。综合国内外的各种分析来看，聚类分析方法有很多种，本书借鉴卡龙的共词聚类分析方法来构成专利技术主题。

为了克服技术术语之间的过细、难以解释的关联关系，本书借鉴卡龙生成子簇的方法，将技术术语间的共现关系浓缩成子簇之间的关系，这些子簇内的技术术语在簇内紧密链接程度远远超过与簇外的链接。这些子簇能够反映所研究的技术领域的研发内容和方向，因此本书把子簇称为“专利技术主题”。

本书借鉴卡龙一个子簇最多只能包含10个技术术语的做法来构建专利技术主题，并将具有代表性的余弦指数值最大的技术术语对作为专利技术主题的中心主题词，来表征该专利技术主题的主要研发内容和方向。

专利技术主题的生成方法如下：

(1) 在技术术语的共现矩阵中，用Max函数找到余弦指数值最大的一对技术术语，该对技术术语即为第一个专利技术主题的中心主题词；

(2) 从余弦指数最大的一对技术术语开始，按照广度优先原则选择与这对技术术语中的任一个有共现关系，且按照共现强度排序排在前8的技术术语，这8个技术术语即为第一个专利技术主题的成员，即该专利技术主题达到饱和状态，专利技术主题成员达到10个技术术语；

(3) 当一个专利技术主题饱和，下一个链接会被拒绝加入，或虽然不超过10个技术术语（该专利技术主题未达到饱和状态），但没有更多的链接可以加入，便开始下一个专利技术主题的生成；

(4) 在下一个专利技术主题生成前，已经加入前一个专利技术主题的技术术语要从技术术语共现矩阵中删除（行和列都要做删除）；

(5) 依此类推，一直将矩阵中的技术术语划分到没有共现关系为止，即剩下的技术术语之间的余弦指数值为0，专利技术主题的生成结束。

## 第二节　专利技术主题的指标计算

按照上述的专利技术主题生成方法，依据1994—2010时段的476×476的技术术语共现矩阵，共生成54个专利技术主题。可以依据每个专利技术主题内的技术术语达到阈值的频次和年份来计算专利技术主题的新颖度和关注度，依据每个专利技术主题内的技术术语的余弦指数来计算内联度和外联度。

## 一、专利技术主题的新颖度和关注度的计算

按照新颖度和关注度的计算公式，计算专利技术主题的新颖度和关注度的基础是技术术语的频次和年份，技术术语的频次和年份是通过 CiteSpace 运行获取的。以聚类 1 为例来说明专利技术主题 1 的新颖度和关注度的计算。

**表 3.1 构成聚类 1 的技术术语的频次和年份列表**

**Tab. 3.1 Frequence and year of technological terms in cluster ♯1**

| | 频次 | 年份 | 技术术语名称 |
|---|---|---|---|
| 聚类 1 | 33 | 2003 | universal packet |
| | 45 | 2003 | wireless service |
| | 122 | 2003 | supporting node |
| | 165 | 2003 | general packet radio service |
| | 113 | 2004 | multimedia-broadcast-multicast service |
| | 49 | 2003 | general packet radio service network |
| | 507 | 2001 | communication system |
| | 173 | 2003 | radio communication system |
| | 1877 | 2001 | user equipment |
| | 78 | 2004 | following step |
| 平均值 | 316.2 | 2002.8 | |
| 全平均值 | 89.97 | 2005.37 | |
| 离均差 | 226.23 | −2.57 | |

注：全平均值是共现矩阵中的 476 个技术主语的共现强度和年度的平均值。

表 3.1 中的 10 个技术术语就是专利技术主题 1 的成员，根据专利技术主题确定的原则，“universal packet”（通用数据包）和“wireless service”（无线服务）被确定为专利技术主题 1 的中心主题词，代表该专利技术主题的核心内容——通用分组无线业务。它们的频次分别为 33 和 45，出现的年份均是 2003 年。其他 8 个技术术语也分别有对应的频次和出现的年份，可以运用算术平均公式计算出频次和年份的平均值，分别为 316.2 和 2002.8；476 个

技术术语的频次和年份的平均值分别为 89.97 和 2005.37。根据专利技术主题的关注度和新颖度的公式进行计算，专利技术主题 1 的关注度和新颖度分别为 226.23 和−2.57。

按照关注度和新颖度的计算公式，同样运用专利技术主题 1 的关注度和新颖度的计算方法，分别计算出其他专利技术主题（2～54）的关注度和新颖度（表 3.2）。

**表 3.2　1994—2010 年各专利技术主题的关注度和新颖度**

**Tab. 3.2　Attention and innovation of patent technological topics in clusters from 1994 to 2010**

| 类号 | 象限 | 关注度 | 新颖度 | 类号 | 象限 | 关注度 | 新颖度 | 类号 | 象限 | 关注度 | 新颖度 |
|---|---|---|---|---|---|---|---|---|---|---|---|
| 1 | 4 | 226.23 | −2.57 | 18 | 2 | −17.87 | 2.23 | 35 | 2 | −35.47 | 1.13 |
| 2 | 1 | 167.13 | 0.33 | 19 | 3 | −27.07 | −0.07 | 36 | 2 | −29.37 | −1.67 |
| 3 | 2 | −29.47 | 1.13 | 20 | 2 | −14.47 | 0.23 | 37 | 2 | −46.54 | 1.92 |
| 4 | 4 | 97.13 | −0.87 | 21 | 4 | 223.93 | −1.97 | 38 | 2 | −46.87 | 1.43 |
| 5 | 3 | −15.47 | −0.37 | 22 | 2 | −25.97 | 0.23 | 39 | 2 | −29.87 | 0.33 |
| 6 | 4 | 17.83 | −0.97 | 23 | 2 | −29.67 | 0.73 | 40 | 3 | −55.97 | −1.37 |
| 7 | 2 | −32.57 | 1.53 | 24 | 3 | −23.87 | −1.77 | 41 | 2 | −40.72 | 1.63 |
| 8 | 2 | −26.87 | 1.23 | 25 | 2 | −42.07 | 1.63 | 42 | 2 | −44.37 | 0.83 |
| 9 | 1 | 71.73 | 0.23 | 26 | 1 | 0.73 | 1.03 | 43 | 3 | −40.27 | −0.37 |
| 10 | 4 | 19.13 | −2.77 | 27 | 1 | 7.63 | 0.03 | 44 | 2 | −50.77 | 1.13 |
| 11 | 3 | −12.07 | −0.47 | 28 | 3 | −37.47 | −0.07 | 45 | 3 | −41.77 | −1.77 |
| 12 | 2 | −45.27 | 1.73 | 29 | 4 | 0.13 | −1.87 | 48 | 3 | −55.30 | −0.37 |
| 13 | 2 | −17.67 | 0.73 | 30 | 2 | −35.27 | 0.13 | 50 | 3 | −41.47 | −0.12 |
| 14 | 2 | −29.27 | 1.23 | 31 | 3 | −14.07 | −0.07 | 51 | 3 | −49.30 | −1.70 |
| 15 | 1 | 33.73 | 0.33 | 32 | 3 | −4.17 | −1.07 | 52 | 3 | −42.72 | −0.62 |
| 16 | 3 | −3.07 | −0.77 | 33 | 1 | 80.70 | 0.08 | 54 | 3 | −42.30 | −2.70 |
| 17 | 4 | 197.83 | −2.77 | 34 | 3 | −37.87 | −0.17 | | | | |

注：聚类号为 46、47、49 和 53 四个聚类只有两个技术术语，不能真实反映专利技术主题的内容，不列入分析范围。表格中的类号是 50 个聚类，表中“象限”列的阿拉伯数字代表各专利技术主题的象限位置，如聚类号 17 的象限列为“4”，表明专利技术主题 17 位于第四象限。

在表 3.2 中，1994—2010 年的技术术语共现网络中一共存在 50 个专利技术主题，在 50 个专利技术主题中，有 25 个专利技术主题的新颖度大于 0，表明这些专利技术主题从研发的时间来看，均高于所有技术术语的研发时间的平均值（2005.366），其中有 16 个专利技术主题的新颖度值较高，都大于 0.634（表 3.3）。

**表 3.3 新颖度较高的专利技术主题列表（待续）**

**Tab. 3.3 Patent technological topics with higher innovation**

| 类号 | 新颖度 | 专利技术主题（粗斜体）和构成聚类的技术术语 |
|---|---|---|
| 3 | 1.13 | ***target-node _ 2008***；***source-node _ 2008***；handover-method _ 2004；down-link-data _ 2008；handover-command _ 2008；handover-process _ 2003；measurement-report _ 2007；media-gateway _ 2008；switching-request _ 2008；wireless-communication-network _ 2003； |
| 7 | 1.53 | ***downlink-control-information _ 2009***；***downlink-control-information-format _ 2009***；downlink-control-channel _ 2008；physical-downlink-shared-channel _ 2009；temporary-identifier _ 2009；physical-downlink-control-channel _ 2008；telecommunication-system _ 2002；antenna-port _ 2009；data-transmission-method _ 2003；transmitting-data _ 2003 |
| 8 | 1.23 | ***service-gateway*** _ 2008；***packet-data-network-gateway*** _ 2008；mobile-management-entity _ 2006；indication-information _ 2008；tracking-area _ 2008；packet-system _ 2009；updating-method _ 2006；response-message _ 2005；location-information _ 2004；access-network _ 2004 |
| 12 | 1.73 | ***macro-base-station _ 2009***；***femto-base-station _ 2009***；home-base-station _ 2009；uplink-signal _ 2004；wireless-resource _ 2009；wireless-access-system _ 2009；sleep-mode _ 2009；neighboring-cell _ 2004；receiving-quality _ 2005；wireless-code-division-multiple-access-system _ 2004； |
| 13 | 0.73 | ***home-node-b _ 2008***；***home-node-b-gateway _ 2009***；communication-service _ 2003；address-information _ 2009；receiving-information _ 2006；frequency-point _ 2008；node-b _ 2004；scrambling-code _ 2006；user-terminal _ 2003；measurement-result _ 2005； |
| 14 | 1.23 | ***mobile-station-apparatus _ 2008***；***base-station-device _ 2006***；user-apparatus _ 2008；transmission-unit _ 2005；determination-unit _ 2004；base-station-apparatus _ 2009；maximum-value _ 2009；orthogonal-frequency-division-multiple-access-system _ 2004；negative-acknowledgment _ 2009；communication-apparatus _ 2004； |

续表

| 类号 | 新颖度 | 专利技术主题（粗斜体）和构成聚类的技术术语 |
|---|---|---|
| 18 | 2.23 | ***uplink-grant _ 2009***；***random-access-response _ 2009***；scheduling-request _ 2009；wireless-telecommunication-system _ 2008；configuration-information _ 2008；evolved-universal-terrestrial-radio-access-network _ 2008；channel-quality-indicator _ 2006；third-generation-partnership-project _ 2005；long-term-evolution-system _ 2007；transmission-time-interval _ 2007； |
| 23 | 0.73 | ***time-division-duplex-system _ 2007***；***downlink-pilot-time-slot _ 2007***；control-channel-element _ 2008；time-division-duplex _ 2007；sending-data _ 2008；carrier-frequency _ 2005；user-device _ 2005；reporting-method _ 2008；synchronizing-method _ 2003；threshold-value _ 2003 |
| 25 | 1.63 | ***internet-protocol-multimedia-subsystem _ 2008***；***internet-protocol-multimedia _ 2006***；switching-method _ 2006；home-subscriber-server _ 2008；application-server _ 2006；determination-result _ 2003；network-system _ 2008；interworking-function _ 2009；registration-request-message _ 2008；idle-mode _ 2008； |
| 26 | 1.03 | ***home-evolve-node-b _ 2009***；***communication-data _ 2009***；selecting-cell _ 2008；providing-method _ 2003；wireless-terminal _ 2004；cellular-telephone _ 2000；radio-link-failure _ 2009；context-information _ 2009；closed-subscriber-group _ 2009；operation-method _ 2004； |
| 35 | 1.13 | ***closed-subscriber-group-cell _ 2008***；***macro-cell _ 2008***；processing-unit _ 2003；identifying-information _ 2004；total-number _ 2009；configuring-method _ 2007；mobile-unit _ 2004；third-generation-partnership-project-network _ 2008；global-positioning-system _ 2006；femtocell-base-station _ 2008； |
| 37 | 1.92 | ***access-node _ 2008***；***single-frequency-network _ 2008***；remote-unit _ 2008；information-element _ 2008；core-network-node _ 2008；cellular-network _ 2003；cell-identifier _ 2008 |
| 38 | 1.43 | ***data-unit _ 2005***；***relay-node _ 2008***；cellular-radio-system _ 2008；sending-message _ 2007；network-element _ 2004；radio-resource-control _ 2008；radio-resource-control-connection _ 2008；downlink-component-carrier _ 2010；third-generation-partnership-project-system _ 2007；packet-data _ 2003 |

续表

| 类号 | 新颖度 | 专利技术主题（粗斜体）和构成聚类的技术术语 |
|---|---|---|
| 41 | 1.63 | ***control-module _ 2009***；***communication-module _ 2009***；downlink-signal _ 2005；adjacent-cell _ 2005 |
| 42 | 0.83 | ***protocol-data-unit _ 2006***；***sequence-number _ 2006***；setting-method _ 2005；radio-resource-control-message _ 2008；high-speed-downlink-packet-access _ 2004；high-speed-downlink-packet-access-system _ 2005；detection-unit _ 2008；mobile-radio-communication-network _ 2006；base-station-transceiver _ 2006；uplink-synchronization _ 2008； |
| 44 | 1.13 | ***personal-digital-assistant _ 2004***；***portable-terminal _ 2004***；display-unit _ 2007；controller-control _ 2004；service-area _ 2004；laptop-computer _ 2006；random-access-channel _ 2006；real-time _ 2004；reverse-link _ 2005；personal-computer _ 2006 |

表明这 16 个专利技术主题都是 2006 年以后达到和超过阈值的，这也正说明第三代移动通信技术的研发高峰是从 2006 年开始的。从专利数据的年度分布来看也验证了这一结论，在 1994—2010 年间，2006 年第三代移动通信技术的专利数量最多（2059 项）。其中新颖度最高的专利技术主题是随机存储响应和上行允许（聚类号为 18），这对技术术语都是在 2009 年达到阈值并存在共现关系，其他聚类成员最早的也是在 2005 年达到阈值并形成共现关系。表明这个专利技术主题的形成较晚，如果聚类成员必须大于 2，那么可以判定该聚类形成于 2007 年，专利技术主题与信道和传输相关，2008 年增加了无线移动通信系统和网络等技术术语。

从专利技术主题的关注度来看，有 13 个专利技术主题的关注度值大于 0（表 3.4），表明这些专利技术主题平均词频均高于所有技术术语的词频的平均值（89.96639），其中关注度值高于 50 的专利技术主题有 7 个（聚类号为 1、2、4、9、17、21、33），关注度在 100 以上的专利技术主题有 4 个（聚类号为 1、2、17、21），表明这些专利技术主题是备受关注的研究热点。

专利技术主题 1（通用分组无线业务）：关注度值最高（226.23），从构成该专利技术主题的技术术语达到阈值的年份来看，基本出现在 2003 年，最晚出现在2004年，表明该专利技术主题早在2003年就已经形成，一直以来备受研发人员的关注。

专利技术主题2（测深参考信号）：从专利技术主题构成来看，达到阈值的年份较晚，多数在2008年以后达到阈值并形成共现关系，聚类形成于2004年，主题与TD-SCDMA相关，而该聚类所表征的专利技术主题形成于2008年。

专利技术主题17（CDMA移动台）：从专利技术主题构成来看，多数技术术语达到阈值并形成共现关系的年份较早，早在1998年该专利技术主题就已经形成，在2000年以后陆续增加了新的技术术语，但专利技术主题没有发生改变，一直备受关注。

专利技术主题21（WCDMA网络）：该专利技术主题的形成时间为2003年，只有个别技术术语在2006年和2009年加入专利技术主题中，3G备受关注的时间始于2002年，WCDMA是CDMA的三大技术标准之一，2003年以后引起研发人员的关注与其成为三大技术标准之一密切相关。

**表3.4　关注度较高的专利技术主题列表**

**Tab. 3.4　Patent technological topics with higher attention**

| 类号 | 关注度 | 专利技术主题（粗斜体）和构成聚类的技术术语 |
|---|---|---|
| 1 | 226.23 | ***universal-packet _ 2003***；***wireless-service _ 2003***；supporting-node _ 2003；radio-communication-system _ 2003；multimedia-broadcast-multicast-service _ 2004；general-packet-radio-service _ 2003；communication-system _ 2001；general-packet-radio-service-network _ 2003；user-equipment _ 2001；following-step _ 2004 |
| 2 | 167.13 | ***transmitting-sounding-reference-signal _ 2009***；***sounding-reference-signal _ 2009***；transmission-signal _ 2001；switching-process _ 2008；long-term-evolution-network _ 2008；base-station _ 1998；component-carrier _ 2009；time-division-synchronous-code-division-multiple-access-system _ 2004；user-data _ 2003；processing-method _ 2008 |

续表

| 类号 | 关注度 | 专利技术主题（粗斜体）和构成聚类的技术术语 |
|---|---|---|
| 4 | 97.13 | ***source-base-station _ 2007***；***target-base-station _ 2006***；serving-base-station _ 2004；comparison-result _ 2004；handover-request _ 2008；wireless-communication-method _ 2004；mobile-communication-system _ 1998；communication-unit _ 2007；wireless-network _ 2003；transmission-method _ 2004 |
| 9 | 71.73 | ***downlink-carrier _ 2009***；***uplink-carrier _ 2009***；uplink-transmission _ 2004；multi-carrier _ 2005；receiver-unit _ 2003；long-term-evolution _ 2006；high-speed-shared-control-channel _ 2006；source-cell _ 2008；high-speed-uplink-packet-access _ 2006；wireless-communication-system _ 2000 |
| 17 | 197.83 | ***mobile-station _ 1997***；***code-division-multiple-access _ 1998***；standard-trunk-communication-system _ 2003；wireless-module _ 2009；mobile-communication-method _ 2009；evolution-data-optimized-system _ 2007；code-division-multiple-access-system _ 1998；detecting-method _ 2003；base-transceiver-station _ 2002；cellular-communication-system _ 2000 |
| 21 | 223.93 | ***wideband-code-division-multiple-access-network _ 2003***；***code-division-multiple-access-network _ 2003***；femto-access-point _ 2009；intermediate-frequency _ 2000；preset-value _ 2004；wideband-code-division-multiple-access-system _ 2002；storage-unit _ 2006；mobile-terminal _ 2000；global-system-for-mobile-communication _ 2003；code-division-multiple-access-2000-network _ 2004； |
| 33 | 80.70 | ***obtaining-information _ 2009***；***determination-process _ 2009***；access-point _ 2004；institute-of-electrical-and-electronics-engineer _ 2009；relay-station _ 2009；mobile-communication-terminal _ 2002；mobile-telephone _ 2000；wideband-code-division-multiple-access _ 2003；radio-base-station _ 2004； |

通过比较表 3.3 和表 3.4 发现：没有一个专利技术主题的新颖度和关注度都较高，表明新颖度和关注度这两个指标都很高的情况很少出现，关注度高的专利技术主题一定是多年来一直关注研发的内容，不可能是近些年来新出现的研发主题，因此这些专利技术主题的新颖度不会很高；而新颖度高的专利技术主题一定是近年来新出现的研发热点，以前没有引起关注和重视，属于新兴起的技术研发主题，因此其关注度也不会很高。但这些新兴起的研发热点，会随着广泛的研发和关注，其关注度应该呈增加的趋势；如果其关注度降低，则表明其研发的价值不大，被遗弃的可能性增大。

## 二、专利技术主题的内联度和外联度的计算

专利技术主题的划分在上文已经叙述，不再赘述，根据外联度和内联度的计算公式，以及技术术语共现矩阵中的余弦指数值，可以计算每个专利技术主题的外联度和内联度。仍以专利技术主题 1（聚类 1）为例，具体的计算方法和步骤如下：

第一步，需要构建两个矩阵：一个矩阵是由专利技术主题 1 中的 10 个技术术语与其他 466 个技术术语组成的矩阵（466×10），主要用来分析专利技术主题 1 中技术术语与其他技术术语之间的链接强度，即外联度；另一个矩阵是由专利技术主题 1 中的 10 个技术术语之间构成的 10×10 的方阵，主要用来分析专利技术主题 1 内部各技术术语之间的链接强度，即内联度。

第二步，在每个矩阵中将每个技术术语与其他技术术语的余弦指数值加总求和，其数值表明该技术术语与其他技术术语的链接强度，数值越大，链接越紧密，如表 3.5 中“user equipment”（用户设备）对应的数值是 27.78950 和 1.21655，表明该技术术语是专利技术主题 1 中与其他技术术语链接最紧密的技术术语，但是与专利技术主题 1 中的其他技术术语的链接并不是很紧密；而“wireless service”（无线服务）对应的数值是 5.04197 和 2.88177，表明该技术术语与其他技术术语的链接较弱，但是与专利技术主题 1 内部其他技术术语链接比较紧密。

**表 3.5 构成聚类 1 的技术术语的外联度和内联度**

**Tab. 3.5 External link and internal link of technological terms in cluster ♯1**

| | 与其他聚类技术术语的余弦指数之和 | 与聚类 1 其他技术术语的余弦指数之和 | 技术术语名称 |
|---|---|---|---|
| 聚类 1 | 4.32076 | 2.75985 | universal packet |
| | 5.04197 | 2.88177 | wireless service |
| | 12.81504 | 2.84792 | supporting node |
| | 14.47550 | 2.02742 | general packet radio service |
| | 13.25038 | 0.90710 | multimedia-broadcast-multicast service |
| | 4.66780 | 0.68151 | general packet radio service network |
| | 18.00602 | 0.99775 | communication system |
| | 14.90709 | 0.58214 | radio communication system |
| | 27.78950 | 1.21655 | user equipment |
| | 7.71271 | 0.49302 | following step |
| 总和 | 122.98677 | 15.39503 | |
| Ch>0 的数量 | 4660－2927＝1733 | 100－22＝78 | |
| 平均值 | 0.070967553 | 0.1973722 | |

注：4660 是聚类 1 的 10 个技术术语与其他 466（476－10）个技术主语可能存在的共现数量，2927 是在 466×10 的矩阵中余弦指数 Ch=0 的数量，4660 与 2927 的差就是 466×10 矩阵中有共现关系 Ch>0 的数量；100 是聚类 1 中 10 个技术术语可能存在的共现数量，22 是 10×10 的聚类 1 的矩阵中 Ch=0 的数量，100 与 22 的差就是 10×10 方阵中 Ch>0 的数量。根据外联度和内联度的公式计算出数值。

第三步，运用 COUNT 函数和 COUNTIF 函数分别计算出两个矩阵中的余弦指数值>0 的数量。运用 AVERAGE 函数计算平均值，计算出来的数值 0.070967553 和 0.1973722 分别是专利技术主题 1 的外联度和内联度。采用同样的方法可以计算出其他专利技术主题的外联度和内联度（表 3.6）。

表 3.6　各专利技术主题的外联度和内联度

Tab. 3.6　External link and internal link of patent technological topics

| 类号 | 象限 | 外联度 | 内联度 | 类号 | 象限 | 外联度 | 内联度 | 类号 | 象限 | 外联度 | 内联度 |
|---|---|---|---|---|---|---|---|---|---|---|---|
| 1 | 4 | 0.071 | 0.20 | 18 | 3 | 0.078 | 0.12 | 35 | 2 | 0.081 | 0.12 |
| 2 | 4 | 0.075 | 0.13 | 19 | 1 | 0.084 | 0.14 | 36 | 2 | 0.079 | 0.12 |
| 3 | 1 | 0.083 | 0.18 | 20 | 4 | 0.078 | 0.14 | 37 | 2 | 0.083 | 0.12 |
| 4 | 3 | 0.073 | 0.13 | 21 | 3 | 0.057 | 0.09 | 38 | 2 | 0.087 | 0.11 |
| 5 | 4 | 0.076 | 0.14 | 22 | 2 | 0.080 | 0.11 | 39 | 2 | 0.081 | 0.10 |
| 6 | 4 | 0.075 | 0.15 | 23 | 1 | 0.083 | 0.16 | 40 | 4 | 0.075 | 0.14 |
| 7 | 1 | 0.084 | 0.20 | 24 | 2 | 0.083 | 0.13 | 41 | 2 | 0.085 | 0.12 |
| 8 | 1 | 0.080 | 0.19 | 25 | 1 | 0.084 | 0.15 | 42 | 2 | 0.082 | 0.13 |
| 9 | 4 | 0.077 | 0.17 | 26 | 4 | 0.076 | 0.13 | 43 | 3 | 0.075 | 0.09 |
| 10 | 1 | 0.081 | 0.14 | 27 | 3 | 0.076 | 0.12 | 44 | 2 | 0.084 | 0.11 |
| 11 | 1 | 0.083 | 0.14 | 28 | 3 | 0.077 | 0.11 | 45 | 3 | 0.075 | 0.12 |
| 12 | 1 | 0.089 | 0.17 | 29 | 3 | 0.076 | 0.13 | 48 | 2 | 0.081 | 0.11 |
| 13 | 4 | 0.076 | 0.17 | 30 | 4 | 0.079 | 0.14 | 50 | 2 | 0.083 | 0.10 |
| 14 | 1 | 0.084 | 0.22 | 31 | 1 | 0.080 | 0.13 | 51 | 2 | 0.087 | 0.10 |
| 15 | 4 | 0.075 | 0.15 | 32 | 3 | 0.073 | 0.09 | 52 | 3 | 0.074 | 0.08 |
| 16 | 1 | 0.085 | 0.15 | 33 | 3 | 0.067 | 0.07 | 54 | 3 | 0.077 | 0.08 |
| 17 | 4 | 0.067 | 0.17 | 34 | 3 | 0.077 | 0.11 | | | | |

注：聚类号为 46、47、49、53 的聚类只有两个技术术语，不能真实反映专利技术主题的内容，不列入分析范围。图 3.4 中的专利技术主题标号与其相同；表中“象限”列的阿拉伯数字代表各专利技术主题的象限位置，如聚类号 17 的象限列为“4”，表明专利技术主题 17 位于第四象限。

在表 3.6 中的 50 个专利技术主题的外联度和内联度都是计算的每个聚类有共现关系技术术语的余弦指数平均值，主要是考虑了聚类规模的大小这一因素，因为一个拥有 10 个技术术语的聚类和拥有 3 个技术术语的聚类的余弦指数之和没有可比性，如果计算每个聚类中有共现关系技术术语的余弦指数平均值，就可以客观反映出聚类的内部链接强度和外部链接强度，平均值越大，表明链接比较紧密。

50 个专利技术主题中有 24 个专利技术主题的外联度高于平均值，这些专利技术主题对外的链接强度比较大，其中有 16 个专利技术主题的外联度较高（表 3.7），表明这些专利技术主题的对外链接比较紧密，与其他专利技术主题的关系较密切。

**表 3.7 外联度较高的专利技术主题列表**

**Tab. 3.7 Patent technological topics with higher external link**

| 类号 | 外联度 | 专利技术主题（粗斜体）和构成聚类的技术术语 |
|---|---|---|
| 3 | 0.083 | ***target-node _ 2008***；***source-node _ 2008***；handover-method _ 2004；downlink-data _ 2008；handover-command _ 2008；handover-process _ 2003；media-gateway _ 2008；measurement-report _ 2007；switching-request _ 2008；wireless-communication-network _ 2003； |
| 7 | 0.084 | ***downlink-control-information _ 2009***；***downlink-control-information-format _ 2009***；downlink-control-channel _ 2008；physical-downlink-shared-channel _ 2009；temporary-identifier _ 2009；physical-downlink-control-channel _ 2008；telecommunication-system _ 2002；antenna-port _ 2009；data-transmission-method _ 2003；transmitting-data _ 2003 |
| 11 | 0.083 | ***establishing-communication-link _ 2008***；***communication-link _ 2004***；coverage-area _ 2005；radio-access-technology _ 2007；terminal-device _ 2007；data-packet _ 2003；cellular-communication-network _ 2004；wireless-device _ 2003；radio-link _ 2003；receiving-message _ 2005 |
| 12 | 0.089 | ***macro-base-station _ 2009***；***femto-base-station _ 2009***；home-base-station _ 2009；uplink-signal _ 2004；wireless-resource _ 2009；wireless-access-system _ 2009；sleep-mode _ 2009；neighboring-cell _ 2004；receiving-quality _ 2005；wireless-code-division-multiple-access-system _ 2004； |
| 14 | 0.084 | ***mobile-station-apparatus _ 2008***；***base-station-device _ 2006***；user-apparatus _ 2008；transmission-unit _ 2005；determination-unit _ 2004；base-station-apparatus _ 2009；communication-apparatus _ 2004；negative-acknowledgment _ 2009；orthogonal-frequency-division-multiple-access-system _ 2004；maximum-value _ 2009； |

续表

| 类号 | 外联度 | 专利技术主题（粗斜体）和构成聚类的技术术语 |
|---|---|---|
| 16 | 0.085 | ***control-information _ 2004***；***transmission-control-information _ 2008***；receiving-control-information _ 2004；transmitting-information _ 2004；control-channel _ 2003；reference-signal _ 2003；resource-allocation _ 2008；scheduling-information _ 2006；control-signal _ 2003；managing-method _ 2003 |
| 19 | 0.084 | ***uplink-channel _ 2004***；***downlink-channel _ 2004***；physical-channel _ 2004；high-speed-downlink-shared-channel _ 2005；wireless-base-station _ 2005；uplink-data _ 2008；power-level _ 2003；uplink-resource _ 2008；channel-quality-indicator-information _ 2005；signal-quality _ 2007 |
| 23 | 0. 083 | ***time-division-duplex-system _ 2007***；***downlink-pilot-time-slot _ 2007***；control-channel-element _ 2008；time-division-duplex _ 2007；sending-data _ 2008；carrier-frequency _ 2005；user-device _ 2005；reporting-method _ 2008；synchronizing-method _ 2003；threshold-value _ 2003 |
| 24 | 0. 083 | ***dedicated-channel _ 2003***；***common-channel _ 2003***；time-slot _ 2002；transferring-method _ 2006；enhanced-dedicated-channel _ 2005；channel-quality _ 2004；radio-resource _ 2004；radio-channel _ 2003universal-mobile-telecommunication-system-network _ 2003；data-signal _ 2003 |
| 25 | 0.084 | ***internet-protocol-multimedia-subsystem _ 2008***；***switching-method _ 2006***；internet-protocol-multimedia _ 2006；home-subscriber-server _ 2008；application-server _ 2006；determination-result _ 2003；network-system _ 2008；interworking-function _ 2009；registration-request-message _ 2008；idle-mode _ 2008； |
| 37 | 0.083 | ***access-node _ 2008***；***single-frequency-network _ 2008***；remote-unit _ 2008；information-element _ 2008；core-network-node _ 2008；cellular-network _ 2003；cell-identifier _ 2008 |
| 38 | 0.087 | ***data-unit _ 2005***；***relay-node _ 2008***；cellular-radio-system _ 2008；sending-message _ 2007；network-element _ 2004；radio-resource-control _ 2008；radio-resource-control-connection _ 2008；downlink-component-carrier _ 2010；third-generation-partnership-project-system _ 2007；packet-data _ 2003 |
| 41 | 0.085 | ***control-module _ 2009***；***communication-module _ 2009***；downlink-signal _ 2005；adjacent-cell _ 2005 |

续表

| 类号 | 外联度 | 专利技术主题（粗斜体）和构成聚类的技术术语 |
|---|---|---|
| 44 | 0.084 | ***time-interval _ 2004***；***reducing-method _ 2006***；wireless-signal _ 2006；radio-bearer _ 2008；interference-noise-ratio _ 2006；service-node _ 2007；dedicated-physical-channel _ 2006；long-term _ 2009；transmitting-message _ 2006；random-access _ 2007 |
| 50 | 0. 083 | ***packet-data-service-node _ 2004***；***internet-protocol-network _ 2004***；wireless-communication-unit _ 2009；telecommunication-network _ 2004 |
| 51 | 0.087 | ***receiving-data-packet _ 2004***；***signal-information _ 2004***；data-block _ 2003 |

其中，专利技术主题 12（系列基站）的外联度值最高（0.089），表明该专利技术主题的外部链接最紧密。基站即移动通信信号发射设备，是 3G 网络重要的组成部分，也是不同制式 3G 网络的重要区别所在，如中国研发的 TD-SCDMA技术标准采用的是 SDR 基站，即软件无线电基站，是由我国中兴通讯研发的一种基站产品，可以支持目前所有的无线接入方式，包括 UMTS、CDMA2000 和 WiMax 等，并具有向“Enhanced LTE”平滑演进的能力。因此，“基站”专利技术主题是 3G 研发中的关键技术之一，其与其他关键技术密切相关，其外部链接强度自然较高。

50 个专利技术主题中有 21 个专利技术主题的内联度高于平均值，其中有 14 个专利技术主题的内联度较高（表 3.8），表明这些专利技术主题内部的技术术语之间链接比较紧密。

**表 3.8 内联度较高的专利技术主题**

**Tab. 3.8 Patent technological topics with higher internal link**

| 类号 | 内联度 | 专利技术主题（粗斜体）和构成聚类的技术术语 |
|---|---|---|
| 1 | 0.20 | ***universal-packet _ 2003***；***wireless-service _ 2003***；supporting-node _ 2003；multimedia-broadcast-multicast-service _ 2004；radio-communication-system _ 2003；general-packet-radio-service _ 2003；general-packet-radio-service-network _ 2003；communication-system _ 2001；user-equipment _ 2001；following-step _ 2004 |

续表

| 类号 | 内联度 | 专利技术主题（粗斜体）和构成聚类的技术术语 |
|---|---|---|
| 3 | 0.18 | ***target-node _ 2008***；***source-node _ 2008***；handover-method _ 2004；downlink-data _ 2008；handover-command _ 2008；handover-process _ 2003；measurement-report _ 2007；media-gateway _ 2008；switching-request _ 2008；wireless-communication-network _ 2003； |
| 6 | 0. 15 | ***third-generation-network _ 2005***；***second-generation-network _ 2006***；second-generation _ 2005；third-generation _ 2003；service-request _ 2008；global-system-for-mobile-communication-network _ 2003；mobile-network _ 2004；positional-information _ 2003；mobile-switching-center _ 2003；base-station-controller _ 2004 |
| 7 | 0.20 | ***downlink-control-information _ 2009***；***downlink-control-information-format _ 2009***；downlink-control-channel _ 2008；temporary-identifier _ 2009；transmitting-data _ 2003；physical-downlink-shared-channel _ 2009；physical-downlink-control-channel _ 2008；antenna-port _ 2009；telecommunication-system _ 2002；data-transmission-method _ 2003； |
| 8 | 0.19 | ***service-gateway _ 2008***；***packet-data-network-gateway _ 2008***；mobile-management-entity _ 2006；indication-information _ 2008；tracking-area _ 2008；packet-system _ 2009；updating-method _ 2006；response-message _ 2005；location-information _ 2004；access-network _ 2004 |
| 9 | 0.17 | ***downlink-carrier _ 2009***；***uplink-carrier _ 2009***；uplink-transmission _ 2004；multi-carrier _ 2005；receiver-unit _ 2003；long-term-evolution _ 2006；high-speed-shared-control-channel _ 2006；source-cell _ 2008；high-speed-uplink-packet-access _ 2006；wireless-communication-system _ 2000 |
| 12 | 0.17 | ***macro-base-station _ 2009***；***femto-base-station _ 2009***；home-base-station _ 2009；uplink-signal _ 2004；wireless-resource _ 2009；wireless-access-system _ 2009；sleep-mode _ 2009；neighboring-cell _ 2004；receiving-quality _ 2005；wireless-code-division-multiple-access-system _ 2004； |
| 13 | 0.17 | ***home-node-b _ 2008***；***home-node-b-gateway _ 2009***；node-b _ 2004；user-terminal _ 2003；address-information _ 2009；frequency-point _ 2008；receiving-information _ 2006；scrambling-code _ 2006；measurement-result _ 2005；communication-service _ 2003 |

续表

| 类号 | 内联度 | 专利技术主题（粗斜体）和构成聚类的技术术语 |
|---|---|---|
| 14 | 0.22 | ***mobile-station-apparatus _ 2008***；***base-station-device _ 2006***；user-apparatus _ 2008；transmission-unit _ 2005；determination-unit _ 2004；base-station-apparatus _ 2009；communication-apparatus _ 2004；negative-acknowledgment _ 2009；orthogonal-frequency-division-multiple-access-system _ 2004；maximum-value _ 2009； |
| 15 | 0.15 | ***evolved-universal-mobile-telecommunication-system _ 2009***；***terrestrial-radio-access-network _ 2003***；enhanced-data-rate _ 2009；universal-mobile-telecommunication-system _ 2000；core-network _ 2003；radio-access-network _ 2003；user-plane _ 2007；target-network _ 2008；system-information _ 2006；media-access-control-protocol-data-unit _ 2009； |
| 16 | 0.15 | ***control-information _ 2004***；***transmission-control-information _ 2008***；receiving-control-information _ 2004；transmitting-information _ 2004；control-channel _ 2003；reference-signal _ 2003；resource-allocation _ 2008；scheduling-information _ 2006；control-signal _ 2003；managing-method _ 2003 |
| 17 | 0.17 | ***mobile-station _ 1997***；***code-division-multiple-access _ 1998***；wireless-module _ 2009；standard-trunk-communication-system _ 2003；evolution-data-optimized-system _ 2007；mobile-communication-method _ 2009；code-division-multiple-access-system _ 1998；detecting-method _ 2003；base-transceiver-station _ 2002；cellular-communication-system _ 2000 |
| 23 | 0.16 | ***time-division-duplex-system _ 2007***；***downlink-pilot-time-slot _ 2007***；control-channel-element _ 2008；time-division-duplex _ 2007；sending-data _ 2008；carrier-frequency _ 2005；user-device _ 2005；reporting-method _ 2008；synchronizing-method _ 2003；threshold-value _ 2003 |
| 25 | 0.15 | ***internet-protocol-multimedia-subsystem _ 2008***；***switching-method _ 2006***；internet-protocol-multimedia _ 2006；registration-request-message _ 2008；application-server _ 2006；determination-result _ 2003；network-system _ 2008；interworking-function _ 2009；home-subscriber-server _ 2008；idle-mode _ 2008 |

专利技术主题14（移动台装置）的内联度最高（值为0.22），表明该专利技术主题的内部链接比较紧密，稳定性较强。从该专利技术主题的构成来看，主要有通信装置、检测装置、用户设备、基站设备等，构成了无线移动

通信装置设备。这些通信装置是在完成通信服务中不可缺少的设备，缺少任何设备装置都无法完成通信业务。

通过对比表 3.7 和表 3.8，内联度和外联度都高的专利技术主题有 5 个，表明这 5 个专利技术主题无论是内部链接还是外部链接都很紧密，这些专利技术主题在第三代移动通信技术领域中处于核心地位，它们是聚类 3（目标节点和源节点）、聚类 7（下行控制）、聚类 12（系列基站）、聚类 16（控制信息传输）、聚类 25（IP 多媒体子系统）。

# 第三节　专利技术主题象限结构的静态分析

## 一、新颖度和专注度视角的象限结构

根据表 3.2 中各专利技术主题的关注度和新颖度的数值，可以绘制出专利技术主题战略坐标图，直观展示各专利技术主题在战略坐标中的象限位置（图 3.1），继而从新颖度和关注度视角分析 3G 专利技术主题的象限结构。

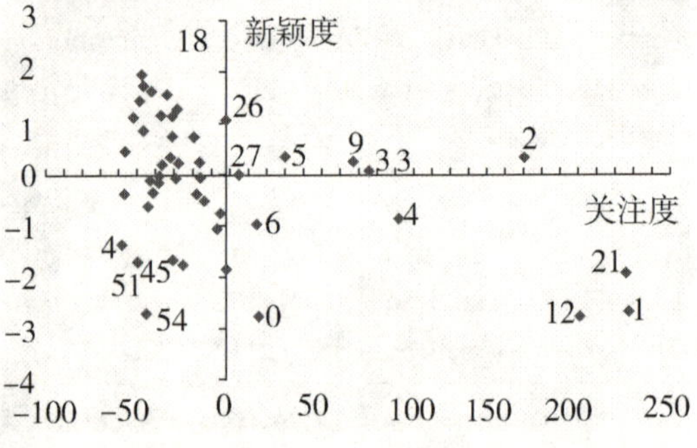


**图 3.1　专利技术主题的新颖度和关注度战略坐标图**

**Fig. 3.1　Strategic coordinate of Patent technological topics from the innovation and attention view**

注：图中的每个节点代表一个专利技术主题，阿拉伯数字代表专利技术主题编号，如 1 代表专利技术主题 1，50 代表专利技术主题 50。

从图 3.1 中各专利技术主题的分布来看，位于纵轴右侧的专利技术主题较少，即关注度较高的专利技术主题较少，只有 12 个专利技术主题。位于横轴上方的专利技术主题的新颖度较高，一共有25个专利技术主题，即一半的专利技术主题属于近几年来进行研发的主题。充分表明了3G研发的高峰是在近些年出现的，根据所有专利技术主题出现年份的平均值（2005.37）可以看出，研发的高峰应该是在2006年左右，这也是和专利申请的年度数量相吻合的，即2006年关于3G技术的专利数量最高，为2059项。

50个专利技术主题中，有6个专利技术主题位于第一象限，它们分别是2（基准信号传输探测）、9（下行、上行载波）、15（进化的通用移动通信系统）、26（进化节点、通信数据）、27（无线网络控制）、33（获取信息、检测过程），这6个专利技术主题的关注度和新颖度都高于均值，属于3G技术领域的研发热点或中心，将其称为“核心专利技术主题”。有7个专利技术主题位于第四象限，它们分别是1（通用包、无线服务）、4（源基站、目标基站）、6（第三代、第二代网络）、10（基带信号、模拟数字变换器）、17（移动电台、码分多址）、21（WCDMA网络和系统）、29（用户站、数据传输），这7个专利技术主题的关注度较高，但是新颖度较低，属于3G技术领域研发中一直备受关注的专利技术主题，将其称为“基础专利技术主题”。其他专利技术主题集中在二、三象限，图3.1中只标注了几个代表性的专利技术主题，如位于第二象限的18（上行允许、随机存取反应）等专利技术主题的新颖度较高，但是关注度不高，属于3G技术领域研发中近几年新出现的专利技术主题，还没有得到广泛的关注，只要关注程度提高，这些专利技术主题就会沿着一定的路径向第一象限运动，成为核心专利技术主题；但也不排除，以后的年份中对其的研究越来越少，最后向第三象限运动的可能，将其称为“次级专利技术主题”。位于第三象限的40（目标信号信噪比的干扰、传输功率控制方法）、45（功率放大器、场效应晶体管）、51（接收数据包、信号信息）、54（码分多址接收机）等专利技术主题的新颖度和关注度都很低，属于3G技术领域研发中被边缘化的专利技术主题，新颖度较低表明近些年研发者较少研究，关注度较低表明还没有引起研发者的关注或关注度降低，将其称为“边缘专利技术主题”。

## 二、内联度和外联度视角的象限结构

根据表 3.6 中列出的 50 个专利技术主题的外联度值和内联度值，绘制出 50 个专利技术主题的战略坐标图，直观展示 50 个专利技术主题在战略坐标中的象限位置（图 3.2）。

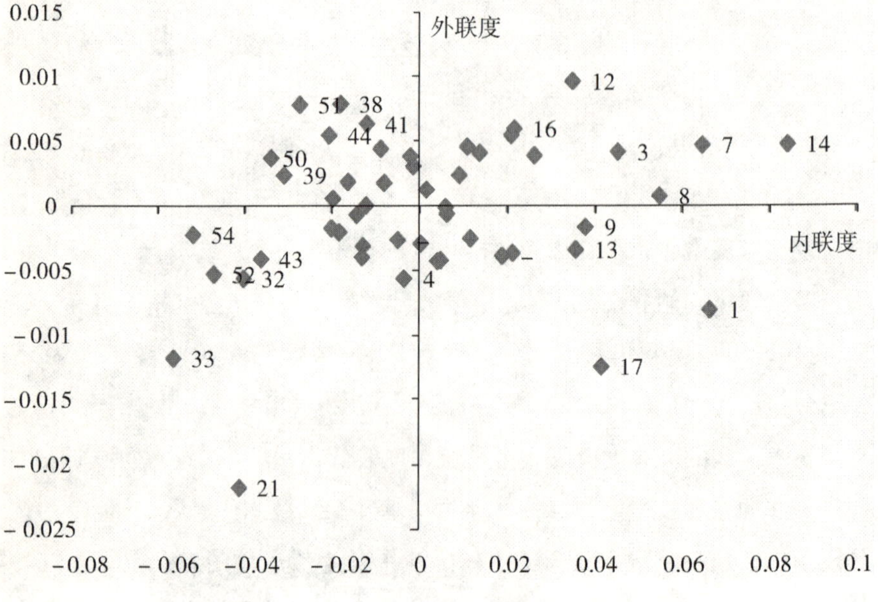


**图 3.2　专利技术主题的外联度和内联度战略坐标图**

**Fig. 3.2　Strategic coordinate of Patent technological topics from external and internal link view**

注：图中的每个节点代表一个专利技术主题，阿拉伯数字代表专利技术主题编号，如 1 代表专利技术主题 1，54 代表专利技术主题 54。

在图 3.2 中位于外联度轴右侧的专利技术主题有 24 个，这 24 个专利技术主题的内联度较高，内部链接比较紧密；位于内联度轴上方的专利技术主题有 25 个，这些专利技术主题的外联度较高，外部链接比较紧密。

从象限分布来看，有 12 个专利技术主题位于第一象限，如 3（目标节点和源节点）、7（下行控制）、12（系列基站）、14（移动台装置）、16（控制信息传输）等，这 12 个专利技术主题的外联度和内联度都较高，无论是外部链接还是内部链接都比较紧密，在 3G 技术领域研发中居于核心和重要的地位，将其称为“核心专利技术主题”。有13个专利技术主题位于第二象限，如40（目标信号信噪比的干扰、传输功率控制方法）、51（接收数据包、信号信息）等，这13个专利技术主题的外联度较高，但是内联度较低，即外部链接较紧密、内部链接不够紧密。因此，这些专利技术主题中的技术术语易游离到与其链接紧密的技术术语所在专利技术主题中，将其称为“次级专利技术主题”。有13个专利技术主题位于第三象限，如21（WCDMA网络和系统）、33（获取信息、检测过程）、54（码分多址接收机）等，这13个专利技术主题的外联度和内联度都较低，内、外部链接都较弱，将其称为“边缘专利技术主题”。有12个专利技术主题位于第四象限，如1（通用无线服务）、4（源基站、目标基站）、9（下行、上行载波）、17（移动电台、码分多址）等，这12个专利技术主题的内联度较高、外联度较低，即内部链接较紧密，聚类的稳定性较强，不易被解散，但外部链接不够紧密，将其称为“独立专利技术主题”。

## 三、两种象限分布的比较

专利技术主题即知识群，是能够反映技术领域的研究内容和方向的聚类群。专利技术主题的新颖度和关注度测度的是专利技术主题研发的时间早晚和关注程度的高低；而专利技术主题的内联度和外联度则测度专利技术主题的内部链接强度和外部链接强度。因此由于不同指标测度的角度不同，专利技术主题在战略坐标中的象限结构有所不同。

（1）在专利技术主题的新颖度和关注度的测度中，位于关注度轴上方的专利技术主题有26个，表明有一半以上的专利技术主题的平均研发时间高于均值；位于新颖度轴右侧的专利技术主题有13个，表明只有不足1/3的专利技术主题的关注程度高于平均值。在专利技术主题的外联度和内联度的测度中，位于内联度轴上方的专利技术主题有25个，表明有一半的专利技术主题的外联度高于平均值，其外部链接能力较强，位于外联度轴右侧的专利技术主题有24个，表明有近一半的专利技术主题的内部链接强度较高。

（2）从专利技术主题的象限分布来看，在专利技术主题的新颖度和关注度的战略坐标中，有6个核心专利技术主题位于第一象限，20个次级专利技术主题位于第二象限，17个边缘专利技术主题位于第三象限，7个基础专利技术主题位于第四象限。而在专利技术主题的外联度和内联度的战略坐标中，有12个核心专利技术主题位于第一象限，13个次级专利技术主题位于第二象限，13个边缘专利技术主题位于第三象限，12个独立专利技术主题位于第四象限。

(3) 从同一专利技术主题在两种战略坐标中的分布来看，没有一个专利技术主题均处于第一象限；有9个专利技术主题均处于第二象限，分别是专利技术主题22、35、36、37、38、39、41、42、44；有7个专利技术主题均处于第三象限，分别是专利技术主题28、32、34、43、45、52、54；有3个专利技术主题均处于第四象限，分别是专利技术主题1、6、17。

## 第四节　专利技术主题象限结构的动态分析

为了增加各时段的可比性，避免因研发的分散和集中导致专利数据悬殊，同时也要降低划分时段的随意性和主观性，按照专利文献数据基本相当的原则来划分时段，尽可能保证每个时段的专利文献数量基本相当，本书将1994—2010时段划分为四个时段，分别是1994—2003时段、2004—2005时段、2006—2007时段、2008—2010时段。在每个时段专利文献数量基本相当的情况下，动态比较各时段专利技术主题的象限结构。

### 一、1994—2003 时段的专利技术主题

将1994—2003时段的技术术语共现矩阵中的249个技术术语，根据专利技术主题的划分原则和方法，共计划分出30个聚类，但聚类号为17、26、29的三个聚类只有两个技术术语，不能反映一个专利技术主题的内容，因此不列入分析范围。同样根据外联度和内联度的计算公式，分别计算出每个专利技术主题的外联度和内联度（表3.9）。

**表3.9　1994—2003年专利技术主题的外联度和内联度**

**Tab. 3.9　External link and internal link of Patent technological topics from 1994 to 2003**

| 类号 | 象限 | 外联度 | 内联度 | 类号 | 象限 | 外联度 | 内联度 | 类号 | 象限 | 外联度 | 内联度 |
|---|---|---|---|---|---|---|---|---|---|---|---|
| 1 | 4 | 0.096 | 0.20 | 10 | 1 | 0.114 | 0.20 | 20 | 2 | 0.112 | 0.14 |
| 2 | 4 | 0.101 | 0.28 | 11 | 1 | 0.117 | 0.19 | 21 | 2 | 0.113 | 0.14 |
| 3 | 4 | 0.099 | 0.23 | 12 | 3 | 0.096 | 0.14 | 22 | 3 | 0.098 | 0.14 |

续表

| 类号 | 象限 | 外联度 | 内联度 | 类号 | 象限 | 外联度 | 内联度 | 类号 | 象限 | 外联度 | 内联度 |
|---|---|---|---|---|---|---|---|---|---|---|---|
| 4 | 1 | 0.115 | 0.28 | 13 | 3 | 0.109 | 0.15 | 23 | 3 | 0.107 | 0.15 |
| 5 | 1 | 0.110 | 0.26 | 14 | 1 | 0.118 | 0.19 | 24 | 3 | 0.100 | 0.13 |
| 6 | 1 | 0.132 | 0.25 | 15 | 1 | 0.110 | 0.19 | 25 | 3 | 0.107 | 0.14 |
| 7 | 1 | 0.118 | 0.19 | 16 | 3 | 0.103 | 0.15 | 27 | 3 | 0.085 | 0.12 |
| 8 | 1 | 0.124 | 0.18 | 18 | 3 | 0.103 | 0.12 | 28 | 3 | 0.096 | 0.12 |
| 9 | 4 | 0.096 | 0.18 | 19 | 2 | 0.112 | 0.12 | 30 | 3 | 0.102 | 0.14 |

注：表格中的类号就是专利技术主题的编号，“象限”列的阿拉伯数字代表各专利技术主题的象限位置，如类号10的象限列为“1”，表明专利技术主题10位于第一象限。

根据表3.9中计算出的27个专利技术主题的外联度值和内联度值，以内联度指标为横轴、外联度指标为纵轴，以内联度值和外联度值的平均值为坐标原点，绘制出1994—2003时段27个专利技术主题的战略坐标图（图3.3）。

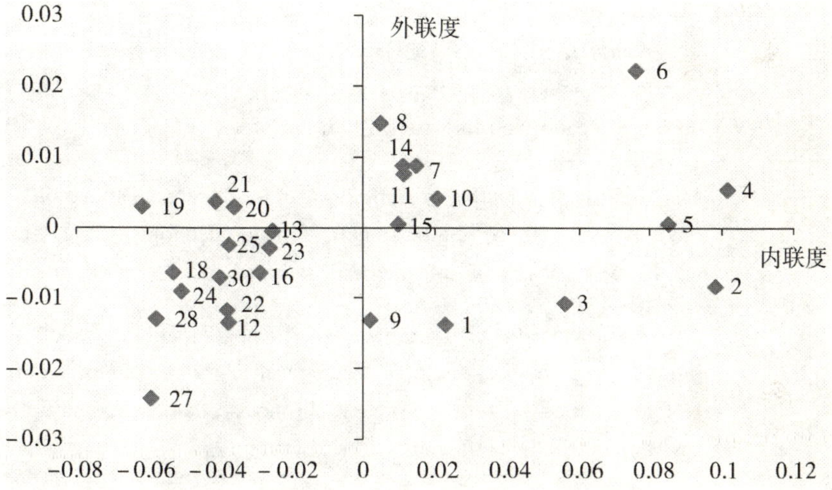


**图3.3 1994—2003时段专利技术主题的战略坐标图**

**Fig. 3.3 Strategic coordinate of Patent technological topics from 1994 to 2003**

注：图中的每个节点代表一个专利技术主题，阿拉伯数字代表专利技术主题编号，如1代表专利技术主题1，6代表专利技术主题6。

（1）在表 3.9 和图 3.3 中，27 个专利技术主题的外联度平均值为 0.109，若专利技术主题的外联度值高于 0.109，则表明该专利技术主题的外部链接比较紧密，27 个专利技术主题中有 12 个高于 0.109，其中有 7 个专利技术主题的外联度较高（表 3.10）。表明这 7 个专利技术主题的外部链接比较紧密，向外扩散的能力较强，位于战略坐标图中的内联度轴上方。这 7 个外联度较高的专利技术主题分别是：4（3G 移动网络）、6（功率扩大和信号输入）、7（模拟数字转换器）、8（同步）、10（专用信道）、11（无线终端和无线网络）、14（数据符号和传播码）。

**表 3.10　1994—2003 年外联度较高的专利技术主题**

**Tab. 3.10　Patent technological topics with higher external link from 1994 to 2003**

| 类号 | 外联度 | 专利技术主题（粗斜体）和构成聚类的技术术语 |
|---|---|---|
| 4 | 0.115 | ***mobile-telephone-network***；***third-generation***；configuring-method；data-transmission-method；telecommunication-system；data-packet；service-provider；data-block；present-invention；decoding-method |
| 6 | 0.132 | ***power-amplifier***；***input-signal***；radio-frequency-power-amplifier；transmitting-data；communication-channel；cellular-system；electric-power；spread-spectrum；packet-data；power-level |
| 7 | 0.118 | ***baseband-signal***；***analog-to-digital-converter***；channel-estimation；radio-frequency-signal；digital-signal；mobile-telephone-system；radio-base-station；positional-information；received-signal；radio-signal |
| 8 | 0.124 | ***frame-synchronization***；***synchronizing-method***；scrambling-code；time-interval；code-division-multiple-access-receiver；wireless-receiver；performing-method；time-division-synchronous-code-division-multiple-access-system；phase-shift；serving-base-station |
| 10 | 0.114 | ***dedicated-physical-channel***；***dedicated-channel***；data-channel；control-channel；signal-transmission-method；internet-protocol；transmission-channel；idle-state；response-message；universal-mobile-telecommunication-system-radio-access-network； |

续表

| 类号 | 外联度 | 专利技术主题（粗斜体）和构成聚类的技术术语 |
|---|---|---|
| 11 | 0.117 | ***wireless-terminal***；***wireless-network***；receiver-unit；cellular-network；frequency-band；power-control-information；transmission-power-control-method；radio-resource；central-processing-unit；transmission-frame |
| 14 | 0.118 | ***data-symbol***；***spreading-code***；data-communication-method；code-division-multiple-access-base-station；data-signal；data-rate；radio-link；space-time；cell-search；enhanced-data |

其中，聚类号为 6 的专利技术主题的外联度最高，聚类 6 由 10 个技术术语构成，从每个技术术语的外部链接强度（余弦指数值）总和来看，有 4 个技术术语的外部链接较强，它们分别是“power amplifier”功率放大器（7.97）、“input signal”输入信号（13.12）、“transmitting data”传输数据（13.55）、“packet data”数据包（11.67）、“electric power”电功率（13.73）；从每个技术术语的外部链接的边数值来看，也是上述 5 个技术术语与其他聚类的连线数较多，连线数依次分别为 80、107、104、88、83。因此无论从链接强度还是从连线数来度量，这 5 个技术术语决定了专利技术主题 6 的外联度偏高。

（2）在表 3.9 和图 3.3 中，27 个专利技术主题的内联度平均值为 0.18，若专利技术主题的内联度值高于 0.18，则表明该专利技术主题的内部链接比较紧密，27 个专利技术主题中有 13 个高于 0.18，位于战略坐标图中的外联度轴右侧，其中有 7 个专利技术主题的内联度较高（表 3.11），表明这 7 个专利技术主题的内部链接比较紧密，不易被解散，在 3G 技术领域属于稳定性较强的研究内容或研究方向。它们分别是：1（移动通信系统）、2（通用无线服务）、3（移动基站）、4（3G 移动网络）、5（CDMA 网络移动装置）、6（功率扩大和信号输入）、10（专用信道）。

**表 3.11　1994—2003 年内联度较高的专利技术主题**

**Tab. 3.11　Patent technological topics with higher internal link from 1994 to 2003**

| 类号 | 内联度 | 专利技术主题（粗斜体）和构成聚类的技术术语 |
|---|---|---|
| 1 | 0.20 | ***mobile-communication-field***； ***standard-trunk-communication-system***； code-division-multiple-access-mode-cluster-communication-system；code-division-multiple-access；paging-channel；physical-channel；code-division-multiple-access-2000-system；intermediate-frequency；code-division-multiple-access-2000-network；multiplexing-signal； |
| 2 | 0.28 | ***wireless-service***；***universal-packet***；radio-communication-system；serving-general-packet-radio-service；supporting-node；general-packet-radio-service；multimedia-broadcast-multicast-service；receiving-message；general-packet-radio-service-network；communication-system； |
| 3 | 0.23 | ***base-station***；***mobile-station***；mobile-communication-system；threshold-value；transmission-power；base-station-controller；pilot-signal；code-division-multiple-access-system；mobile-terminal；power-control-command |
| 4 | 0.28 | ***mobile-telephone-network***；***third-generation***；data-packet；data-block；configuring-method；present-invention；telecommunication-system；data-transmission-method；service-provider；decoding-method |
| 5 | 0.26 | ***mobile-device***；***code-division-multiple-access-network***；communication-service；soft-handover；cellular-telephone；handover-method；cellular-communication-system；wideband-code-division-multiple-access-network；performing-handover；time-slot； |
| 6 | 0.25 | ***power-amplifier***；***input-signal***；radio-frequency-power-amplifier；transmitting-data；communication-channel；cellular-system；electric-power；spread-spectrum；packet-data；power-level |
| 10 | 0.20 | ***dedicated-physical-channel***；***dedicated-channel***；signal-transmission-method；universal-mobile-telecommunication-system-radio-access-network；response-message；transmission-channel；idle-state；control-channel；internet-protocol；data-channel； |

其中，专利技术主题 2 和 4 的内联度值最高，均为 0.28（近似值）。但是实际上专利技术主题 4（3G 移动网络）的内联度最高（0.2793），专利技术主题 2（通用无线服务）的内联度其次（0.2759）。但从专利技术主题内部技术

术语间的余弦指数总和和连线数来看，专利技术主题 2 内部技术术语间的余弦指数总和为 20.96、连线数为 38 条，而专利技术主题 4 内部技术术语间的余弦指数总和为 8.38，连线数为 15 条。

（3）从专利技术主题的象限分布来看，有 9 个“核心专利技术主题”位于第一象限；3 个“次级专利技术主题”位于第二象限；11 个“边缘专利技术主题”位于第三象限；4 个“独立专利技术主题”位于第四象限。

通过比较表 3.10 和表 3.11 显示，外联度和内联度都较高的专利技术主题有 4（3G 移动网络）、6（功率扩大和信号输入）、10（专用信道）。这 3 个专利技术主题的外联度分别为 0.115、0.132、0.114，内联度分别为 0.28、0.25、0.20，表明这 3 个专利技术主题的外部链接强度和内部链接强度都较高，属于 1994—2003 时段第三代移动通信技术的核心专利技术主题。

## 二、2004—2005 时段的专利技术主题

将 2004—2005 时段技术术语共现矩阵中的 284 个技术术语，根据聚类和专利技术主题的划分原则和方法，共计划分出 37 个聚类，但聚类 29、30、32、35、36 五个聚类只有两个技术术语构成，不能真实反映一个专利技术主题的内容，因此不列入分析范围。同时为了增加可比性，外联度和内联度的计算公式和方法与 1994—2003 时段保持一致，分别计算出每个专利技术主题的外联度和内联度（表 3.12）。

**表 3.12　2004—2005 年专利技术主题的外联度和内联度**

**Tab. 3.12　External link and internal link of Patent technological topics from 2004 to 2005**

| 类号 | 象限 | 外联度 | 内联度 | 类号 | 象限 | 外联度 | 内联度 | 类号 | 象限 | 外联度 | 内联度 |
|---|---|---|---|---|---|---|---|---|---|---|---|
| 1 | 1 | 0.076 | 0.20 | 12 | 1 | 0.078 | 0.13 | 23 | 3 | 0.073 | 0.09 |
| 2 | 1 | 0.085 | 0.14 | 13 | 4 | 0.070 | 0.11 | 24 | 3 | 0.069 | 0.07 |
| 3 | 1 | 0.076 | 0.13 | 14 | 1 | 0.074 | 0.12 | 25 | 3 | 0.064 | 0.10 |
| 4 | 1 | 0.077 | 0.13 | 15 | 3 | 0.062 | 0.09 | 26 | 1 | 0.089 | 0.13 |
| 5 | 1 | 0.082 | 0.16 | 16 | 3 | 0.069 | 0.09 | 27 | 4 | 0.070 | 0.13 |
| 6 | 1 | 0.074 | 0.14 | 17 | 1 | 0.077 | 0.12 | 28 | 2 | 0.075 | 0.10 |

续表

| 类号 | 象限 | 外联度 | 内联度 | 类号 | 象限 | 外联度 | 内联度 | 类号 | 象限 | 外联度 | 内联度 |
|---|---|---|---|---|---|---|---|---|---|---|---|
| 7 | 3 | 0.052 | 0.11 | 18 | 3 | 0.062 | 0.07 | 31 | 4 | 0.071 | 0.12 |
| 8 | 4 | 0.070 | 0.12 | 19 | 2 | 0.074 | 0.11 | 33 | 2 | 0.079 | 0.11 |
| 9 | 2 | 0.076 | 0.11 | 20 | 3 | 0.069 | 0.09 | 34 | 2 | 0.080 | 0.10 |
| 10 | 1 | 0.081 | 0.16 | 21 | 3 | 0.071 | 0.11 | 37 | 3 | 0.067 | 0.07 |
| 11 | 1 | 0.080 | 0.12 | 22 | 3 | 0.073 | 0.08 | | | | |

注：表格中的类号就是专利技术主题的编号，“象限”列的阿拉伯数字代表各专利技术主题的象限位置，如类号13的象限列为“4”，表明专利技术主题13位于第四象限。

根据表3.12中的32个专利技术主题的外联度值和内联度值，以内联度指标为横轴、外联度指标为纵轴，以32个专利技术主题的外联度值和内联度值的平均值为坐标原点，绘制出32个专利技术主题的战略坐标图（图3.4）。

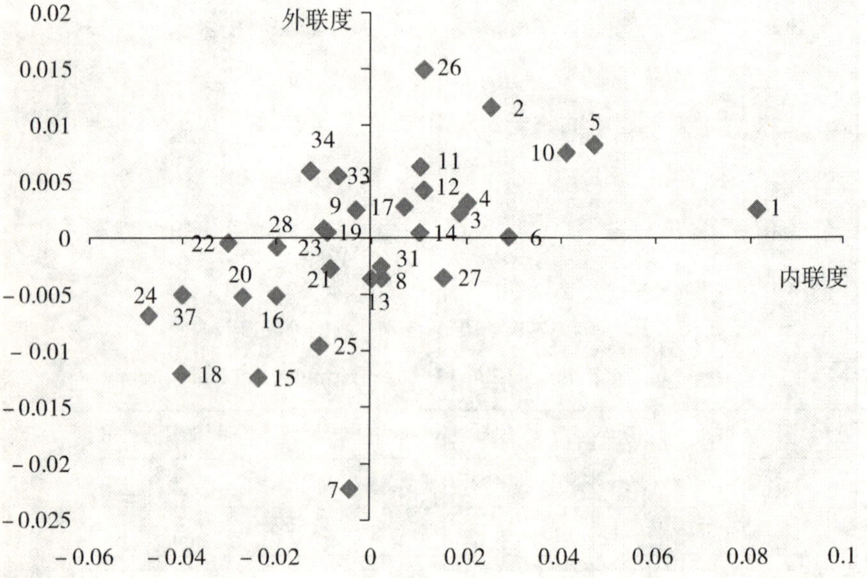


**图3.4 2004—2005时段专利技术主题的战略坐标图**

**Fig. 3.4 Strategic coordinate of Patent technological topics from 2004 to 2005**

注：图中的每个节点代表一个专利技术主题，阿拉伯数字代表专利技术主题编号，如1代表专利技术主题1，18代表专利技术主题18。

（1）在表 3.12 和图 3.4 中，32 个专利技术主题中有 17 个专利技术主题的外联度值高于平均值，在战略坐标中位于内联度轴上方，则表明这 17 个专利技术主题的外部链接比较紧密。其中有 8 个专利技术主题的外联度较高（表 3.13）。它们分别是：2（信息控制）、5（无线通信系统基站）、10（上行信号功率控制）、11（高比率分组数据和移动切换中心）、12（数据传输和用户身份）、26（EV-DO 系统）、33（基准信号无线射频）、34（网络元素和数据单元）。

**表 3.13　2004—2005 年外联度较高的专利技术主题**

**Tab. 3.13　Patent technological topics with higher external link from 2004 to 2005**

| 类号 | 外联度 | 专利技术主题（粗斜体）和构成聚类的技术术语 |
|---|---|---|
| 2 | 0.085 | ***receiving-control-information***；***control-information***；point-to-multi-point-service；access-terminal；transmitting-information；control-channel；transport-channel；packet-data-service；preset-threshold-value；serving-cell |
| 5 | 0.082 | ***target-base-station***；***wireless-access-communication-system***；serving-base-station；handover-method；signal-to-noise-ratio；radio-link；protocol-data-unit；active-set；reverse-link；signal-strength |
| 10 | 0.081 | ***power-control-command***；***uplink-signal***；target-value；power-control-method；serving-radio-network-controller；control-data；radio-communication-system；power-control；access-point；signal-interference-noise-ratio |
| 11 | 0.080 | ***high-rate-packet-data***；***mobile-switching-center***；access-network；service-area；paging-message；module-card；code-division-multiple-access-network；digital-signal；hard-handover；internet-protocol-address |
| 12 | 0.078 | ***data-transmission***；***subscriber-station***；transmission-method；logical-channel；present-invention；wireless-receiver；frequency-band；data-channel；pilot-signal；idle-state |
| 26 | 0.089 | ***evolution-data-only-system***；***data-service***；wireless-communication-terminal |
| 33 | 0.079 | ***radio-frequency***；***reference-signal***；receiving-method；code-division-multiple-access-signal；communication-signal； |
| 34 | 0.080 | ***network-element***；***data-unit***；telecommunication-system |

其中，专利技术主题26（EV-DO系统）的外联度值最高（0.089），其次是专利技术主题2（信息控制，0.085）。但专利技术主题26只由3个技术术语构成，3个技术术语与其他专利技术主题的技术术语间的余弦指数总和为4.176，连线数为47条；而专利技术主题2由10个技术术语构成，10个技术术语与其他专利技术主题的技术术语间的余弦指数总和为50.87，连线数为595条，如果按照余弦指数总和或连线数，专利技术主题2的外联度要远远高于专利技术主题26，因为专利技术主题2的规模比专利技术主题26的规模大，这就造成外联度的度量会受到专利技术主题规模的影响，所以本书的外联度采用了平均外联度，即将专利技术主题内部技术术语与其他专利技术主题的技术术语的余弦指数总和除以连线数来度量，忽略专利技术主题规模对外联度的影响。

（2）在表3.12和图3.4中，32个专利技术主题中有16个专利技术主题的内联度值高于平均值，在战略坐标中位于外联度轴右侧，表明这16个专利技术主题的内部链接比较紧密，稳定性较强。其中有6个专利技术主题的内联度较高（表3.14），它们分别是：1（通用无线服务）、2（信息控制）、4（高速下行共享信道）、5（无线通信系统基站）、6（第二代、第三代网络）、10（上行信号功率控制）。这6个内联度较高的专利技术主题属于第三代移动通信技术领域中稳定性较强的研究内容和研究方向。

**表3.14 2004—2005年内联度较高的专利技术主题**

**Tab.3.14 Patent technological topics with higher internal link from 2004 to 2005**

| 类号 | 内联度 | 专利技术主题（粗斜体）和构成聚类的技术术语 |
|---|---|---|
| 1 | 0.20 | ***wireless-service***；***universal-packet***；supporting-node；general-packet-radio-service；radio-network；multimedia-broadcast-multicast-service；following-step；radio-network-controller；service-request；response-message； |
| 2 | 0.14 | ***receiving-control-information***；***control-information***；point-to-multipoint-service；access-terminal；transmitting-information；control-channel；transport-channel；packet-data-service；preset-threshold-value；serving-cell |

续表

| 类号 | 内联度 | 专利技术主题（粗斜体）和构成聚类的技术术语 |
|---|---|---|
| 4 | 0.13 | ***high-speed-downlink-shared-channel***；***dedicated-channel***；setting-method；node-b；wideband-code-division-multiple-access；control-signal；channel-quality；radio-resource；assigning-method；wideband-code-division-multiple-access-network； |
| 5 | 0.16 | ***target-base-station***；***wireless-access-communication-system***；serving-base-station；handover-method；signal-to-noise-ratio；radio-link；protocol-data-unit；active-set；reverse-link；signal-strength |
| 6 | 0.14 | ***second-generation***；***third-generation-network***；third-generation；mobile-network；performing-handover；wireless-access-network；authenticating-method；third-generation-partnership-project；mobile-unit；air-interface |
| 10 | 0.16 | ***power-control-command***；***uplink-signal***；target-value；power-control-method；serving-radio-network-controller；control-data；radio-communication-system；power-control；access-point；signal-interference-noise-ratio |

其中，专利技术主题 1（通用无线服务）的内联度值最高（0.20），表明该专利技术主题的内部链接比较紧密，稳定性较强。数据显示，该专利技术主题内部技术术语之间的余弦指数总和为 15.32，连线数为 39 条。无论从余弦指数总和还是从连线数来看，都是 2004—2005 时段所有专利技术主题中最高的。

（3）从各专利技术主题的象限分布来看，位于第一象限的“核心专利技术主题”有 12 个；位于第二象限的“次级专利技术主题”有 5 个；位于第三象限的“边缘专利技术主题”有 11 个；位于第四象限的“独立专利技术主题”有 4 个。

通过比较表 3.13 和表 3.14 中的各专利技术主题，外联度和内联度都较高的专利技术主题有 2（控制信息）、5（无线通信系统基站）、10（上行信号功率控制），表明这 3 个专利技术主题的外部链接和内部链接都比较紧密，属于 2004—2005 时段第三代移动通信技术领域研发的核心专利技术主题。

## 三、2006—2007 时段的专利技术主题

将 2006—2007 时段技术术语共现矩阵中的 292 个技术术语，根据专利技术主题的划分原则和方法，共划分出 32 个聚类，但聚类 29 只由两个技术术语构成，不能真实反映一个专利技术主题的内容，该聚类不列入分析范围。同时为了保证与前两个时段的可比性，外联度和内联度的计算公式和方法保持不变，分别计算出每个聚类的专利技术主题的外联度和内联度（表 3.15）。

**表 3.15　2006—2007 年专利技术主题的外联度和内联度**

**Tab. 3.15　External and internal link of Patent technological topics from 2006 to 2007**

| 类号 | 象限 | 外联度 | 内联度 | 类号 | 象限 | 外联度 | 内联度 | 类号 | 象限 | 外联度 | 内联度 |
|---|---|---|---|---|---|---|---|---|---|---|---|
| 1 | 1 | 0.070 | 0.14 | 12 | 1 | 0.071 | 0.12 | 23 | 3 | 0.062 | 0.10 |
| 2 | 4 | 0.067 | 0.16 | 13 | 1 | 0.076 | 0.13 | 24 | 2 | 0.073 | 0.09 |
| 3 | 1 | 0.069 | 0.12 | 14 | 1 | 0.072 | 0.15 | 25 | 3 | 0.057 | 0.07 |
| 4 | 4 | 0.065 | 0.14 | 15 | 2 | 0.071 | 0.10 | 26 | 3 | 0.066 | 0.09 |
| 5 | 3 | 0.061 | 0.09 | 16 | 1 | 0.077 | 0.11 | 27 | 4 | 0.058 | 0.11 |
| 6 | 1 | 0.075 | 0.15 | 17 | 3 | 0.068 | 0.10 | 28 | 1 | 0.076 | 0.11 |
| 7 | 4 | 0.063 | 0.11 | 18 | 3 | 0.065 | 0.09 | 30 | 3 | 0.066 | 0.06 |
| 8 | 1 | 0.071 | 0.12 | 19 | 3 | 0.062 | 0.07 | 31 | 2 | 0.071 | 0.09 |
| 9 | 1 | 0.069 | 0.11 | 20 | 1 | 0.071 | 0.11 | 32 | 2 | 0.071 | 0.07 |
| 10 | 4 | 0.067 | 0.11 | 21 | 3 | 0.061 | 0.08 | | | | |
| 11 | 1 | 0.070 | 0.13 | 22 | 2 | 0.070 | 0.08 | | | | |

注：表格中的类号是专利技术主题的编号，“象限”列的阿拉伯数字代表各专利技术主题的象限位置，如类号 11 的象限列为“1”，表明专利技术主题 11 位于第一象限。

根据表 3.15 中的 31 个专利技术主题的外联度值和内联度值，以内联度指标为横轴、外联度指标为纵轴，以 31 个专利技术主题的外联度和内联度的平均值为坐标原点，绘制出 31 个专利技术主题的战略坐标图（图 3.5）。

（1）在表 3.15 和图 3.5 中，31 个专利技术主题中有 17 个专利技术主题的外联度值高于平均值，在战略坐标中位于内联度轴的上方，表明这 17 个专

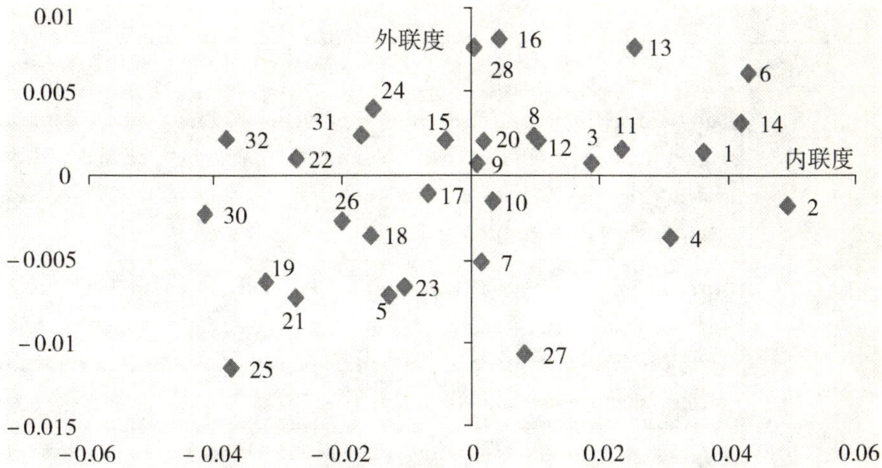


**图 3.5　2006—2007 时段专利技术主题的战略坐标图**

**Fig. 3.5　Strategic coordinate of Patent technological topics from 2006 to 2007**

注：图中的每个节点代表一个专利技术主题，阿拉伯数字代表专利技术主题编号，如 1 代表专利技术主题 1，27 代表专利技术主题 27。

利技术主题的外部链接比较紧密，专利技术主题向外扩散能力较强。其中外联度较高的专利技术主题有 6 个（表 3.16），它们分别是：6（专用物理信道和接收质量）、13（基站控制器和收发机）、14（无线网络控制器和无线链路）、16（MIMO 系统）、24（时间间隔和时序安排）、28（接收终端控制器）。表明这 6 个专利技术主题的外部链接比较紧密。

**表 3.16　2006—2007 年外联度较高的专利技术主题**

**Tab. 3.16　Patent technological topics with higher external link from 2006 to 2007**

| 类号 | 外联度 | 专利技术主题（粗斜体）和构成聚类的技术术语 |
|---|---|---|
| 6 | 0.075 | ***dedicated-physical-channel***；***receiving-quality***；transmitting-information；base-station-device；synchronization-channel；user-device；radio-base-station；band-width；radio-communication-system；transmission-rate |

续表

| 类号 | 外联度 | 专利技术主题（粗斜体）和构成聚类的技术术语 |
|---|---|---|
| 13 | 0.076 | ***base-station-controller***；***base-transceiver-station***；second-generation-network；mobile-switching-center；transmitting-message；channel-quality-indicator；cellular-network；wireless-code-division-multiple-access-system；high-speed；response-message； |
| 14 | 0.072 | ***wireless-link***；***wireless-network-controller***；network-controller；obtaining-method；public-land-mobile-network；packet-data；multimedia-broadcast-multicast-service；calculation-unit；international-mobile-subscriber-identity-module；control-signal； |
| 16 | 0.077 | ***allocating-resource***；***multiple-input-multiple-output-system***；physical-layer；reducing-method；generating-unit；reverse-link；receiving-information；cellular-system；communication-link；control-channel |
| 24 | 0.073 | ***time-interval***；***scheduling-information***；control-information；transmission-power；processing-unit；receiver-unit；data-channel；radio-frequency；orthogonal-frequency-division-multiple-access-system；sending-information； |
| 28 | 0.076 | ***controller-control***；***receiving-terminal***；termination-result |

其中，专利技术主题16（MIMO系统）的外联度最高（0.077），表明该专利技术主题的外部链接强度最强。数据显示，专利技术主题16内部的技术术语与其他专利技术主题的技术术语的余弦指数总和为36.73，连线数为478条，属于在3G技术领域中外部链接强度最强的专利技术主题。

（2）在表3.15和图3.5的31个专利技术主题中，有17个专利技术主题的内联度值均高于平均值，在战略坐标中位于外联度轴的右侧，表明这17个专利技术主题的内联度较高，内部链接比较紧密，专利技术主题的稳定性较强。其中内联度较高的专利技术主题有7个（表3.17），它们分别是：1（系列基站）、2（通用分组无线业务）、4（环球移动通信系统）、6（专用物理信道和接收质量）、11（IP多媒体实现方法）、13（基站控制器和收发机）、14（无线网络控制器和无线链路）。表明这7个专利技术主题的内部链接比较紧密，是第三代移动通信技术领域中稳定性较强的研究内容或研究方向。

表 3.17 2006—2007 年内联度较高的专利技术主题列表

Tab. 3.17 Patent technological topics with higher internal link from 2006 to 2007

| 类号 | 内联度 | 专利技术主题（粗斜体）和构成聚类的技术术语 |
|---|---|---|
| 1 | 0.14 | ***target-base-station***; ***source-base-station***; serving-base-station; comparison-result; mobile-communication-system; communication-unit; handover-method; sequence-number; measurement-report; time-division-duplex |
| 2 | 0.16 | ***supporting-node***; ***serving-general-packet-radio-service***; internet-protocol-address; general-packet-radio-service; second-generation; home-location-register; user-plane; receiving-message; mobile-station; third-generation-network |
| 4 | 0.14 | ***universal-mobile-telecommunication-system***; ***network-element***; paging-message; errestrial-radio-access-network; core-network; radio-access-network; protocol-data-unit; system-information; evolve-node-b; user-equipment; |
| 6 | 0.15 | ***dedicated-physical-channel***; ***receiving-quality***; transmitting-information; base-station-device; synchronization-channel; user-device; radio-base-station; band-width; radio-communication-system; transmission-rate |
| 11 | 0.13 | ***realizing-method***; ***internet-protocol-multimedia***; global-system-for-mobile-communication; application-server; request-message; high-speed-physical-downlink-shared-channel; high-speed-shared-control-channel; time-division-synchronous-code-division-multiple-access-network; time-division-synchronous-code-division-multiple-access-system; physical-channel; |
| 13 | 0.13 | ***base-station-controller***; ***base-transceiver-station***; high-speed; channel-quality-indicator; second-generation-network; mobile-switching-center; cellular network; response-message; transmitting-message; wireless-code-division-multiple-access-system; |
| 14 | 0.15 | ***wireless-link***; ***wireless-network-controller***; network-controller; obtaining-method; public-land-mobile-network; packet-data; multimedia-broadcast-multicast-service; calculation-unit; international-mobile-subscriber-identity-module; control-signal; |

其中，专利技术主题2（通用分组无线业务）的内联度值最高（0.16），表明该专利技术主题的内部链接较强。数据显示，专利技术主题2由10个技术术语构成，其内部技术术语间的余弦指数总和为10.90，连线数为35条，在31个专利技术主题中余弦指数总和最大、连线数最多，属于3G技术领域稳定性较强的专利技术主题。

（3）从专利技术主题在战略坐标图中的象限分布来看，有12个“核心专利技术主题”位于第一象限；有5个“次级专利技术主题”位于第二象限；有9个“边缘专利技术主题”位于第三象限；有5个“独立专利技术主题”位于第四象限。

通过比较表3.16和表3.17，外联度和内联度都较高的专利技术主题有6（专用物理信道和接收质量）、13（基站控制器和收发机）、14（无线网络控制器和无线链路）。表明这3个专利技术主题的外部链接程度和内部链接程度都很高，属于2006—2007时段第三代移动通信技术领域研发的核心专利技术主题。

## 四、2008—2010时段的专利技术主题

将2008—2010时段技术术语共现矩阵中的303个技术术语，根据专利技术主题的划分原则和方法，共划分出34个聚类，但聚类31、32只由两个技术术语构成，不能真实反映一个专利技术主题的内容，因此不列入分析范围。同时为了与前3个时段具有可比性，2008—2010时段的专利技术主题的外联度和内联度的计算公式和方法保持不变，分别计算出每个专利技术主题的外联度和内联度（表3.18）。

**表3.18　2008—2010年专利技术主题的外联度和内联度**

**Tab. 3.18　External and internal link of Patent technological topics from 2008 to 2010**

| 类号 | 象限 | 外联度 | 内联度 | 类号 | 象限 | 外联度 | 内联度 | 类号 | 象限 | 外联度 | 内联度 |
|---|---|---|---|---|---|---|---|---|---|---|---|
| 1 | 1 | 0.077 | 0.14 | 12 | 4 | 0.075 | 0.13 | 23 | 3 | 0.076 | 0.10 |
| 2 | 1 | 0.082 | 0.17 | 13 | 1 | 0.077 | 0.14 | 24 | 3 | 0.068 | 0.10 |
| 3 | 4 | 0.076 | 0.18 | 14 | 4 | 0.076 | 0.12 | 25 | 2 | 0.079 | 0.11 |

续表

| 类号 | 象限 | 外联度 | 内联度 | 类号 | 象限 | 外联度 | 内联度 | 类号 | 象限 | 外联度 | 内联度 |
|---|---|---|---|---|---|---|---|---|---|---|---|
| 4 | 1 | 0.077 | 0.18 | 15 | 3 | 0.067 | 0.10 | 26 | 3 | 0.075 | 0.11 |
| 5 | 1 | 0.079 | 0.14 | 16 | 3 | 0.064 | 0.10 | 27 | 3 | 0.060 | 0.09 |
| 6 | 4 | 0.072 | 0.13 | 17 | 1 | 0.078 | 0.14 | 28 | 2 | 0.079 | 0.10 |
| 7 | 1 | 0.077 | 0.20 | 18 | 3 | 0.071 | 0.10 | 29 | 2 | 0.077 | 0.07 |
| 8 | 4 | 0.075 | 0.15 | 19 | 3 | 0.074 | 0.12 | 30 | 2 | 0.090 | 0.09 |
| 9 | 1 | 0.079 | 0.13 | 20 | 2 | 0.079 | 0.10 | 33 | 2 | 0.089 | 0.09 |
| 10 | 1 | 0.084 | 0.16 | 21 | 2 | 0.081 | 0.10 | 34 | 2 | 0.082 | 0.09 |
| 11 | 1 | 0.079 | 0.12 | 22 | 3 | 0.074 | 0.11 | | | | |

注：表格中的类号就是专利技术主题编号，“象限”列的阿拉伯数字代表各专利技术主题的象限位置，如类号 12 的象限列为“4”，表明专利技术主题 12 位于第四象限。

根据表 3.18 中 32 个专利技术主题的外联度值和内联度值，以内联度指标为横轴、外联度指标为纵轴，以 32 个专利技术主题的内联度和外联度的平均值为坐标原点，绘制出 32 个专利技术主题的战略坐标图（图 3.6）。

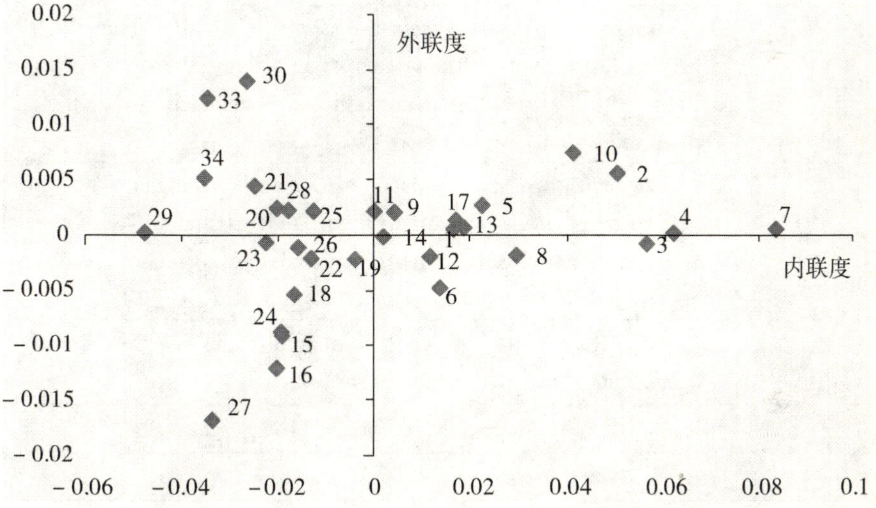


**图 3.6　2008—2010 时段专利技术主题的战略坐标图**

**Fig. 3.6　Strategic coordinate of Patent technological topics from 2008 to 2010**

注：图中的每个节点代表一个专利技术主题，阿拉伯数字代表聚类的专利技术主题编号，如 7 代表第 7 个聚类的专利技术主题，27 代表第 27 个聚类的专利技术主题。

（1）在表3.18和图3.6中，32个专利技术主题中有18个专利技术主题的外联度值高于平均值，在战略坐标中位于内联度轴的上方，表明这18个专利技术主题的外部链接比较紧密，专利技术主题向外扩散的能力较强。其中有6个专利技术主题的外联度较高（表3.19），它们分别是：2（目标节点和源节点）、10（时域和频域）、21（增强专用信道和频率控制方法）、30（长期和带宽）、33（中继点和下行载体）、34（无线装置和网络控制器）。表明这6个专利技术主题的外部链接比较紧密，属于3G技术领域研发中的核心技术主题。

**表3.19　2008—2010年外联度较高的专利技术主题**

**Tab. 3.19　Clusters with higher external link from 2008 to 2010**

| 类号 | 外联度 | 专利技术主题（加粗）和构成聚类的技术术语 |
|---|---|---|
| 2 | 0.082 | ***source-node***；***target-node***；handover-method；handover-command；downlink-data；measurement-report；switching-request；wireless-communication-network；data-transmission-method；switching-method； |
| 10 | 0.084 | ***time-domain***；***frequency-domain***；receiving-method；channel-estimation；multiple-input-multiple-output-system；third-generation-partnership-project；control-signal；wireless-telecommunication-system；data-signal；radio-signal |
| 21 | 0.081 | ***enhanced-dedicated-channel***；***power-control-method***；uplink-synchronization；coverage-area；ealizing-method；universal-mobile-telecommunication-system-network；radio-resource-control-connection；core-network-node；reducing-method；node-b； |
| 30 | 0.090 | ***long-term***；***band-width***；time-interval；total-number；maximum-value；sequence-number |
| 33 | 0.089 | ***relay-node***；***downlink-component-carrier***；relay-station |
| 34 | 0.082 | ***wireless-device***；***network-controller***；data-unit |

其中，专利技术主题30（长期和带宽）的外联度最高（0.090），其由6个技术术语构成，表明在3G技术领域的技术术语共现网络中，其外部链接强度最强。数据显示，该专利技术主题内部的技术术语与其他专利技术主题的技术术语间余弦指数总和为26.96，连线数为298条，属于3G技术领域中外

部链接强度最强的专利技术主题。

(2) 在表 3.18 和图 3.6 中，32 个专利技术主题中有 15 个专利技术主题的内联度值高于平均值，在战略坐标中位于外联度轴的右侧，表明这 15 个专利技术主题的内联度较高，内部链接比较紧密，专利技术主题的稳定性较强。其中有 10 个专利技术主题的内联度较高（表 3.20），它们分别是：1（通用包和无线服务）、2（目标节点和源节点）、3（通用分组无线服务）、4（下行控制信息）、5（上下行载波）、7（移动基站装置）、8（地面无线接入网和环球移动通信系统）、10（时域和频域）、13（主节点 B 及网关）、17（码分多址移动台）。表明这 10 个聚类的内部链接比较紧密，属于 3G 技术领域稳定性较强的研究内容和方向。

**表 3.20 2008—2010 年内联度较高的专利技术主题列表**

**Tab. 3.20 Patent technological topics with higher internal link from 2008 to 2010**

| 类号 | 内联度 | 专利技术主题（粗斜体）和构成聚类的技术术语 |
| --- | --- | --- |
| 1 | 0.14 | ***universal-packet _ 2003***；***wireless-service _ 2003***；supporting-node _ 2003；general-packet-radio-service _ 2003；communication-system _ 2001；multimedia-broadcast-multicast-service _ 2004；following-step _ 2004；general-packet-radio-service-network _ 2003；radio-communication-system _ 2003；user-equipment _ 2001 |
| 2 | 0.17 | ***source-node***；***target-node***；***handover-method***；handover-command；downlink-data；measurement-report；switching-request；wireless-communication-network；data-transmission-method；switching-method； |
| 3 | 0.18 | ***supporting-node***；***serving-general-packet-radio-service***；mobile-management-entity；general-packet-radio-service；universal-terrestrial-radio-access-network；service-gateway；tracking-area；evolved-universal-terrestrial-radio-access-network；worldwide-interoperability-for-microwave-access-system；idle-mode； |
| 4 | 0.18 | ***downlink-control-information***；***downlink-control-information-format***；physical-downlink-shared-channel；long-term-evolution-system；physical-downlink-control-channel；downlink-control-channel；temporary-identifier；telecommunication-system _ ；antenna-port；transmitting-data； |

续表

| 类号 | 内联度 | 专利技术主题（粗斜体）和构成聚类的技术术语 |
|---|---|---|
| 5 | 0.14 | ***downlink-carrier***；***uplink-carrier***；uplink-transmission；multi-carrier；transmission-method；receiver-unit；long-term-evolution；random-access-response；ource-cell；wireless-communication-system； |
| 7 | 0.20 | ***mobile-station-apparatus***；***base-station-device***；user-apparatus；determination-unit；base-station-apparatus；transmission-unit；user-device；orthogonal-frequency-division-multiple-access-system；wideband-code-division-multiple-access-system；egative-acknowledgment； |
| 8 | 0.15 | ***terrestrial-radio-access-network***；evolve-node-b；selecting-cell；***evolved-universal-mobile-telecommunication-system***；packet-data-network-gateway；serving-cell；universal-mobile-telecommunication-system；indication-information；core-network；adio-access-technology； |
| 10 | 0.16 | ***time-domain***；***frequency-domain***；receiving-method；channel-estimation；multiple-input-multiple-output-system；third-generation-partnership-project；control-signal；wireless-telecommunication-system；data-signal；radio-signal |
| 13 | 0. 14 | ***home-node-b _ 2008***；***home-node-b-gateway _ 2009***；address-information _ 2009；frequency-point _ 2008；receiving-information _ 2006；scrambling-code _ 2006；measurement-result _ 2005；node-b _ 2004；user-terminal _ 2003；communication-service _ 2003 |
| 17 | 0. 14 | ***mobile-station _ 1997***；***code-division-multiple-access _ 1998***；wireless-module _ 2009；mobile-communication-method _ 2009；standard-trunk-communication-system _ 2003；evolution-data-optimized-system _ 2007；code-division-multiple-access-system _ 1998；detecting-method _ 2003base-transceiver-station _ 2002；cellular-communication-system _ 2000 |

其中，专利技术主题 7（移动基站装置）的内联度值最高（0.20），表明该专利技术主题的内部链接比较紧密。数据显示，专利技术主题 7 由 10 个技术术语构成，其内部各技术术语之间的余弦指数总和为 15.98，连线数为 39 条，在 32 个专利技术主题中余弦指数总和最大、连线数最多，属于 3G 技术领域稳定性较强的专利技术主题。

(3) 从专利技术主题的具体象限分布来看，有10个“核心专利技术主题”位于第一象限；有8个“次级专利技术主题”位于第二象限；有9个“边缘专利技术主题”位于第三象限；有5个“独立专利技术主题”位于第四象限。

通过比较表3.19和表3.20，外联度和内联度都较高的专利技术主题有2（目标节点和源节点）和10（时域和频域），表明这2个专利技术主题的外部链接和内部链接都很紧密，属于2008—2010时段第三代移动通信技术领域研发的核心专利技术主题。

## 五、四个时段专利技术主题象限结构的比较

(1) 从四个时段的专利技术主题在战略坐标中的分布来看，四个时段的“核心专利技术主题”和“独立专利技术主题”比较稳定，基本保持在一定的数量上；“边缘专利技术主题”的数量显示出下降的趋势；“次级专利技术主题”的数量却表现出增加的趋势（表3.21）。

**表3.21 四个时段专利技术主题类别数量比较**

**Tab. 3.21 Classes and number of Patent technological topics in four times**

| 时段 | 核心专利技术主题 | 次级专利技术主题 | 边缘专利技术主题 | 独立专利技术主题 |
| --- | --- | --- | --- | --- |
| 1994—2003 | 9 | 3 | 11 | 4 |
| 2004—2005 | 12 | 5 | 11 | 4 |
| 2006—2007 | 12 | 5 | 9 | 5 |
| 2008—2010 | 10 | 8 | 9 | 5 |

依据外联度和内联度两个指标的含义，表3.21中的四个时段的核心专利技术主题的稳定性和向外扩散能力都较高，因此不易被解散，只会在原有的专利技术主题构成基础上，补充新的知识单元，替换原有的知识单元。从数据上来看，中间两个时段的核心专利技术主题有所增加，表明2004—2005和2006—2007两个时段是3G通信技术研发的高峰期，新的专利技术主题不断涌现，原有的专利技术主题不断更新，形成新的专利技术主题，也会出现原有的专利技术主题不再是3G技术领域的研发热点，而被新的专利技术主题所

替代的情况。

四个时段的次级专利技术主题的数量有所增加，单纯从数量变化来看，这些外联度较高的专利技术主题，会因为向外扩散能力较强，内部的稳定性较差，极易形成交叉和融合，形成新的专利技术主题。

边缘专利技术主题从数量上来看，在前两个时段基本稳定，后两个时段有所减少。这些外联度和内联度都较低的专利技术主题，稳定性和向外扩散能力都较弱，会随着研发者的关注减弱而消失。

独立专利技术主题从数量上来看基本保持不变，这些外联度较低、内联度较高的专利技术主题，会因为稳定性较好不易被解散，但向外扩散能力较弱，不会增加更多的新的知识单元，处于独立状态保持原态。

(2) 从四个时段位于同一象限的专利技术主题的内容来看，可以动态地分析出专利技术主题象限结构的变化，这将是本书继续关注的一个动态分析。但由于四个时段技术术语的差别，以及各技术术语间的共现强度的变化，专利技术主题的构成不可能完全一致，本书仅根据构成专利技术主题的中心主题词来确定是否属于同一专利技术主题。

通过对四个时段专利技术主题的中心主题词进行比对，1994—2003 时段与 2004—2005 时段有两个专利技术主题的中心主题词相同，它们是“wireless service”(无线服务) 和“universal packet”(通用数据包)、“base station”(基站) 和“mobile station”(移动台)。2004—2005 时段与 2006—2007 时段相比没有一个专利技术主题的中心主题词相同。2006—2007 时段与 2008—2010 时段有 3 个专利技术主题的中心主题词相同，它们是“supporting node”(支持节点) 和“serving general packet radio service”(通用分组无线服务)、“terrestrial radio access network”(地面无线接入网) 和“universal mobile telecommunication system”(通用无线通信系统)、“target base station”(目标基站) 和“source base station”(源基站)。

①1994—2003 时段与 2004—2005 时段：两个相同的专利技术主题在两个时段中的象限分布完全不同，以“wireless service”(无线服务) 和“universal packet”（通用数据包）为中心主题词的专利技术主题在1994—2003时段位于第四象限，属于1994—2003时段的“独立专利技术主题”，专利技术主题的外联度较低，内联度较高，但在2004—2005时段该专利技术主题位于第一象限，属于2004—2005时段的“核心专利技术主题”。外联度较1994—2003时段有所提高，从1994—2003时段的第四象限移动到2004—2005时段的第一象限。

另一个以“base station”（基站）和“mobile-station”（移动台）为中心主题词的专利技术主题在1994—2003时段位于第四象限，属于1994—2003时段的“独立专利技术主题”，专利技术主题的外联度较低，内联度较高，但在2004—2005时段该专利技术主题位于第三象限，属于2004—2005时段的“边缘专利技术主题”。内联度较1994—2003时段有所降低，从1994—2003时段的第四象限移动到2004—2005时段的第三象限。

②2006—2007时段与2008—2010时段：通过比较发现，3个相同的专利技术主题在两个时段中的象限分布完全相同，以“supporting node”（支持节点）和“serving general packet radio service”（通用分组无线服务）、“terrestrial radio access network”（地面无线接入网）和“universal mobile telecommunication system”（通用无线通信系统）为中心主题词的两个专利技术主题在两个时段中均位于第四象限，属于2006—2007和2008—2010两个时段的“独立专利技术主题”，象限位置没有发生改变。以“target base station”（目标基站）和“source base station”（源基站）为中心主题词的专利技术主题在两个时段中均位于第一象限，属于2006—2007和2008—2010两个时段的“核心专利技术主题”，象限位置也没有发生变化。

(3) 如果从技术术语的外延来考虑，前两个时段中“base station”（基站）和“mobile-station”（移动台）、后两个时段中的“target base station”（目标基站）和“source base station”（源基站）都属于“系列化基站”这一主题，为了展示整个时段的专利技术主题的动态变化，忽略技术术语在内涵上的区别，通过“系列化基站”这一专利技术主题在四个不同时段中的象限位置的不同，揭示“系列化基站”这一专利技术主题的动态过程：由1994—2003时段的“独立专利技术主题”（位于第四象限），到2004—2005时段的“边缘专利技术主题”（位于第三象限），再到2006—2007和2008—2010两个时段的“核心专利技术主题”（位于第一象限）。

在移动通信技术领域，系列化基站包括宏基站、微基站和微微基站等。基站是移动通信系统中，连接固定部分与无线部分，并通过空中的无线传输与移动台相连接的设备。基站设备必须与移动交换中心相兼容，主要包括基站收发台（BTS）和基站控制器（BSC）。系列化基站设备、不同类型基站之间的灵活配合等决定着运营商的无线网络规划。因此，移动通信基站的研发是移动通信运营商投资的重要方向之一，成为目前的“核心专利技术主题”。

## 第五节　专利技术主题象限结构对专利研发的启示

通过上述对专利技术主题战略坐标的静态和动态分析，虽然不能全面揭示出专利技术主题的结构特征，但至少能够从知识网络视角通过专利技术主题在战略坐标中的象限分布，客观展示专利技术主题的象限结构及其变化。

专利技术主题的战略坐标静态分析中，从新颖度和关注度视角对专利技术主题结构的分析，主要是度量专利技术主题的形成时间和受关注的程度。分析结果显示，新颖度和关注度都较高的专利技术主题比较少，这是因为新颖度高的专利技术主题都是近年来新形成的研究主题，属于新兴的研究领域和内容，研究者关注的时间较晚，或者刚刚引起研发者的关注，因此势必会导致受关注的程度较低，如系列基站、下行控制、随机存储反应与上行允许等。同理，关注度较高的专利技术主题一般都是多年来一直备受关注的研究主题，其新颖度必然较低，如通用包与无线服务、源基站与目标基站、WCDMA网络与系统、CDMA移动台等。但新颖度高的专利技术主题会因为研究者关注度的提高，在未来技术发展过程中成为新颖度和关注度都较高的核心专利技术主题，也可能会因为价值不大，或无发展潜力而被放弃。

因此，在政策制定、研发规划设计、项目资助等工作中，应该重点关注这些新颖度高的专利技术主题，如随机存储响应与上行允许、移动台装置、系列基站、下行控制、IP 多媒体子系统等 16 个专利技术主题。因为这些研究主题很可能代表着研究前沿，代表着新的研发方向，在组织专家论证的基础上，对这类研究主题要区别对待：有发展潜力的研究主题在政策上、研发规划上和项目资助上要给予大力支持，投入更多的人力、物力和财力；而对那些昙花一现，并没发展潜力，也不代表新的研究前沿或新的研究方向的研究主题，要学会放弃，不要浪费人力、物力和财力。

另一方面，从外联度和内联度视角对专利技术主题结构的静态分析，度量了专利技术主题的内外链接强度。分析结果显示，外联度和内联度都较高的专利技术主题是存在的，如目标节点与源节点、系列基站、移动台装置、控制信息传输等。这类专利技术主题表明不但内部的技术术语之间联系紧密，稳定性较强，而且其外部链接也比较紧密，这表明这些专利技术主题在 3G 技术领域处于核心地位，属于值得研究者重点关注的核心专利技术主题。而内联度低、外联度高的专利技术主题极易因外部链接较强而被解散，这类研究主题极易产生融合和交叉，形成新的研究内容和方向，应该密切关注其发展变化，如信号和数据包接收、传输功率控制、信噪比干扰等。而内联度高、外联度低的专利技术主题比较孤立，更新较慢，与其他专利技术主题的联系较弱，这类研究主题属于该领域最基础的研究主题，虽然外联度低，但内联度高，是该技术领域发展中不能缺少的基础研究，也不能忽视，但不需要过多投入人力、物力和财力，如 CDMA 移动台、通用无线服务、源基站与目标基站、上下行载波等。内联度和外联度都低的技术主题的发展方向不确定，既可能因内联度的提高或外联度的提高而走出间歇期或瓶颈，成为新的热点，也可能因为不受关注而消失，如 CDMA 接收机、获取和检测信息过程、WCDMA 网络与系统等。因此这类研究主题多数属于面临退出或被放弃的研究主题。

专利技术主题的基本构成元素是技术术语，不同时段技术术语间的共现关系和共现强度的变化直接决定专利技术主题的结构变化。动态比较的结果显示，位于第一象限的“核心专利技术主题”和位于第四象限的“独立专利技术主题”比较稳定，基本保持在一定的数量上；位于第三象限的“边缘专利技术主题”的数量显示出下降的趋势；位于第二象限的“次级专利技术主题”的数量却表现出增加的趋势。

通过对不同时段的专利技术主题的内容进行比较，结果发现，虽然数量上的变化不大，但是3G专利技术主题的构成变化比较显著，更新程度较高，变化比较频繁。这充分证明了3G的技术发展模式是技术渐进与技术飞跃的量变与质变的统一。在3G技术发展过程中，一种新技术经过不断改进、完善，在原有技术的基础上实现渐进式的发展，反映技术发展的连续性、累积性和继承性；而因主导技术的重大突破，改变原有的技术范式，导致技术体系的整体变革、旧技术体系的解体、新技术体系的产生、旧技术范式的扬弃和新技术规范的确立，实现飞跃式发展，反映了技术发展的阶段性、突破性和创造性。在3G的技术发展过程中，随着一种技术的改进和完善，渐进地引起其他相关技术的改进和完善，当所有的技术体系内的技术改进达到一定量的积累，技术量的渐进积累会转化为质的飞跃，实现技术飞跃和新的突破[119]。

技术体系内部的矛盾运动是技术发展的内在动因，技术与技术体系的各个要素具有相互依存性和连锁性。当某一技术内在要素发生变化，会影响和引起其他要素的连锁变化，导致技术整体变革。如果把以独立形式存在于技术活动中的技术系统称之为单元技术，而把相互关联的各种技术构成的技术体系称之为群体技术，那么不仅单元技术和群体技术自身会发生连锁变化，单元技术的微观结构变化必然引起群体技术的宏观结构连锁变化，导致整个技术体系的更替转换[119]（图3.7）。3G单元技术的微观结构变化必然引起群体技术的宏观结构连锁变化，导致整个3G技术体系的更替转换，3G技术体系由技术规范的萌生到技术规范的积累与完善，最后到技术规范变革，如从1G的模拟技术范式，到2G的码分多址的数字技术范式，再到3G的高速无线数字技术范式，4G的……这个过程就是移动通信技术范式的变革过程（图3.8）。因此在专利技术的研究中，要时刻关注专利文献的计量研究，从而根据专利技术主题的发展变化，预先对研究内容和方向进行更新和调整。

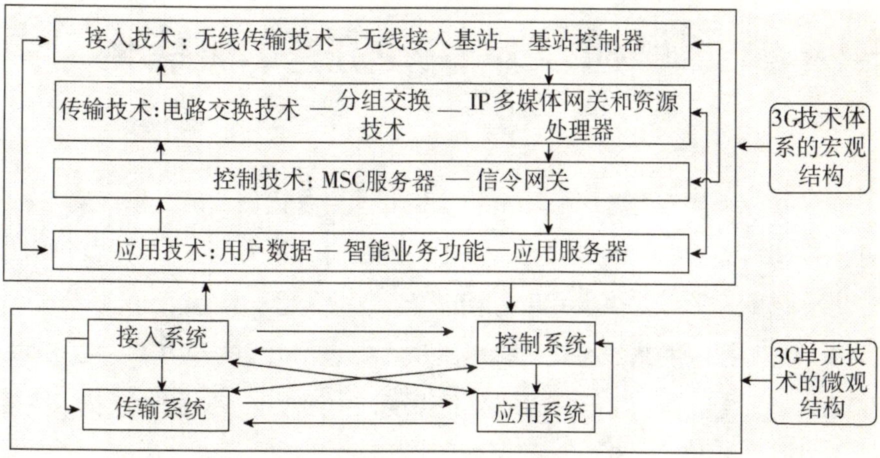


**图 3.7 3G 单元技术与群体技术的连锁模式**

**Fig. 3.7 Patterning of unit and group technology on 3G technology**

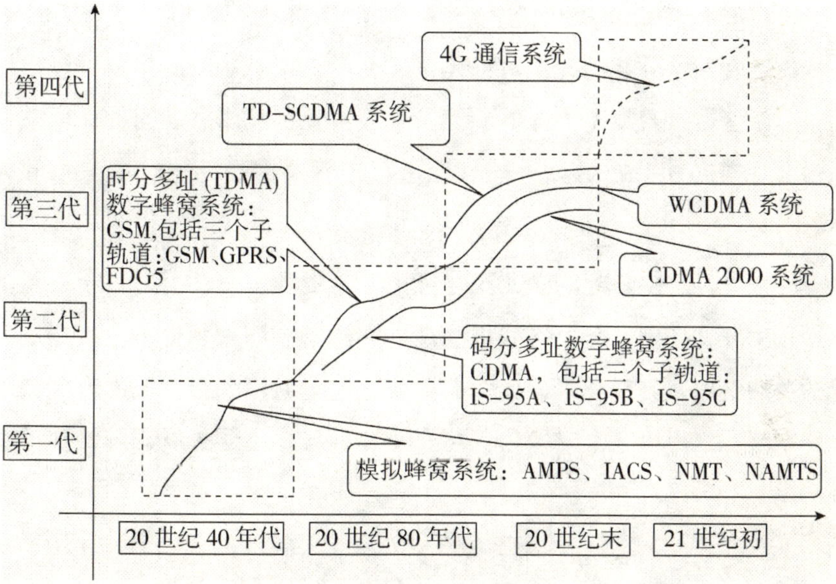


**图 3.8 3G 技术规范与技术体系的形成与转换**

**Fig. 3.8 Formation and transformation of technical specification and system on 3G technology**

# 第四章 专利技术主题的关联结构分析

第三章专利技术主题的象限结构分析，主要是运用二维坐标确定专利技术主题在战略坐标中的象限位置及分布，但没有涉及专利技术主题之间的关联关系。因此，本章主要从关联关系的视角分析专利技术主题的关联结构。

所谓专利技术主题的关联结构，是指在知识网络中专利技术主题间的关联关系，以及专利技术主题之间的关联强度，中间中心度高的专利技术主题，以及与其具有强关联的其他专利技术主题。

## 第一节 专利技术主题的关联矩阵

依据共现网络分析的元素可以是词、文献、聚类等的原理，可以采用社会网络分析法，以聚类作为分析单元，来分析专利技术主题间的关联关系和关联强度。根据社会网络分析的理论，首先需要构建专利技术主题的关联矩阵。

### 一、专利技术主题的关联矩阵的构建步骤

本章主要是运用社会网络分析法从静态和动态两个视角来分析专利技术主题的关联结构及其变化。因此，需要构建整个时段和分时段的专利技术主题关联矩阵。这里以整个时段为例，介绍专利技术主题关联矩阵构建的步骤和方法。

首先，在476×476的技术术语共现矩阵中，依照聚类的划分原则构建出50个专利技术主题，将每个专利技术主题作为一个知识单元，这样就可以构建一个以专利技术主题为分析单元的方阵（50×50），在矩阵中以2个专利技术主题间的关联强度来显示专利技术主题间的关联关系。

其次，专利技术主题间的关联强度的计算方法如下：第一步，将每个聚类与其他聚类分别构建矩阵，例如聚类 1 分别和聚类 2～50 构建矩阵，这样将构建出 $C_{50}^{2}$个矩阵；第二步，运用 Excel 表格的计算功能分别计算出 $C_{50}^{2}$个矩阵的余弦指数的和；第三步，计算 $C_{50}^{2}$个矩阵的余弦指数和的平均值，按照矩阵对称性构建 50×50 的方阵，矩阵中的值即表示 2 个专利技术主题之间的关联强度，值越高，表示 2 个专利技术主题之间的关联强度越大。

### 二、专利技术主题的关联矩阵类型

（1）整个时段专利技术主题的关联矩阵：专利技术主题关联结构的静态分析主要基于整个时段的关联矩阵进行研究，因此，需要按照专利技术主题关联矩阵的生成步骤和方法，构建整个时段，即 1994—2010 时段的专利技术主题关联矩阵（50×50）。

（2）为了实现专利技术主题关联结构的动态分析，需要将整个时段进行时段划分。为了增加各时段的可比性，避免因研发的分散和集中导致专利数据悬殊，同时也要降低划分时段的随意性和主观性，按照专利文献数据基本相当的原则来划分时段，尽可能保证每个时段的专利文献数量基本相当，本书将 1994—2010 时段划分为四个时段，分别是 1994—2003 时段、2004—2005 时段、2006—2007 时段、2008—2010 时段。在每个时段专利文献数量基本相当的情况下，动态比较各时段专利技术主题的关联结构。因此，按照整个时段的专利技术主题关联矩阵的生成步骤和方法，同样生成：

（1）1994—2003 时段的专利技术主题的关联矩阵（27×27）；

（2）2004—2005 时段的专利技术主题的关联矩阵（32×32）；

（3）2006—2007 时段的专利技术主题的关联矩阵（31×31）；

（4）2008—2010 时段的专利技术主题的关联矩阵（32×32）。

## 第二节　专利技术主题关联结构的可视化分析

可视化分析工具和软件有很多种，本章主要采用常用的社会网络分析软件 Ucinet 来绘制专利技术主题的关联结构图谱，对专利技术主题的关联结构进行可视化分析。

将本章第一节中生成的各时段的专利技术主题的关联矩阵导入 Ucinet 软件，进行数据转换之后，设定阈值，可以绘制出 1994—2010 时段的 50 个专利技术主题的关联结构图谱，对专利技术主题关联结构进行静态分析。

同时绘制出 1994—2003 时段的 27 个专利技术主题的关联结构图谱，2004—2005 时段的 32 个专利技术主题的关联结构图谱，2006—2007 时段的 31 个专利技术主题的关联结构图谱，2008—2010 时段的 32 个专利技术主题的关联结构图谱。对四个时段的专利技术主题关联结构进行动态比较分析。

## 一、1994—2010 时段的专利技术主题

将 1994—2010 时段的 50×50 的专利技术主题的关联矩阵输入 Ucinet，应用 NetDraw 绘制出 1994—2010 整个时段的专利技术主题关联结构图谱（图 4.1）。

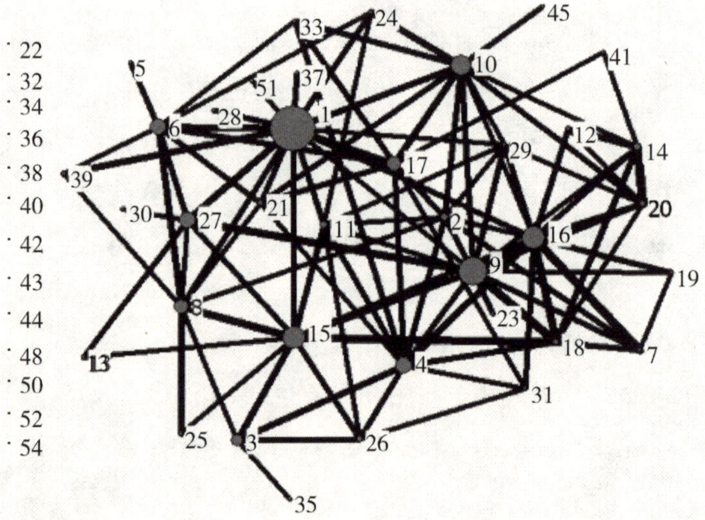


**图 4.1　1994—2010 时段专利技术主题关联结构图谱**

**Fig. 4.1　Relationship map of Patent technological topics from 1994 to 2010**

在1994—2010整个时段的50个专利技术主题的关联结构图谱中，为了清晰展示专利技术主题的关联结构，设定阈值为0.3，结果显示有13个专利技术主题与其他专利技术主题的关联强度小于0.3，将这些专利技术主题称为弱链接的专利技术主题，即虽然也和其他专利技术主题有一定的链接，但是链接强度较小；有37个专利技术主题之间的关联强度超过0.3，我们称这些专利技术主题为具有强链接的专利技术主题。这37个专利技术主题之间的关联强度，可以通过图谱中各专利技术主题之间的连线的粗细显示出来。关联强度大于0.5的专利技术主题有4对：专利技术主题14与专利技术主题20的关联强度最大（余弦指数为0.587069），其次是专利技术主题7与专利技术主题16的关联强度为0.571653，专利技术主题9与专利技术主题16的关联强度为0.533429，专利技术主题15与专利技术主题18的关联强度为0.516223。

在图谱中显示专利技术主题1的中间中心度最高，高达167.858，其次是专利技术主题9（101.924），其他几个中间中心度较大的专利技术主题依次是专利技术主题16（77.516）、专利技术主题15（77.292）、专利技术主题10（66.601）、专利技术主题6（54.217）、专利技术主题27（52.68）、专利技术主题4（47.542）、专利技术主题8（41.081）、专利技术主题17（39.234）、专利技术主题3（37.15）。

专利技术主题1的主题词是“universal-packet 和 wireless-service”，即通用包和无线服务。它们是第三代移动通信领域的核心内容，因此该专利技术主题的中间中心度最高，与其具有强链接的专利技术主题有6、8、9、10、11、15、16、17、21、24、27、28、29、37、39、51等16个专利技术主题。

## 二、1994—2003时段的专利技术主题

将1994—2003时段的27×27的专利技术主题的关联矩阵输入Ucinet，应用NetDraw绘制出1994—2003时段的专利技术主题关联结构图谱（图4.2）。

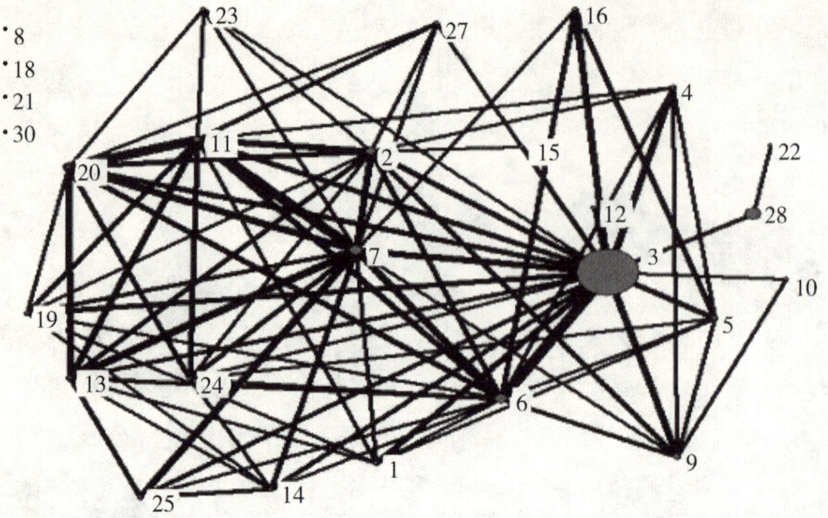


**图 4.2 1994—2003 时段专利技术主题关联结构图谱**

**Fig. 4.2 Relationship map of Patent technological topics from 1994 to 2003**

在 1994—2003 时段的 27 个专利技术主题的关联结构图谱中，有 4 个专利技术主题的链接属于弱链接（链接强度小于 0.25），它们分别是 8、18、21、30 这 4 个专利技术主题；有 23 个专利技术主题处于强链接状态（链接强度大于 0.25），专利技术主题间的链接强度可以通过关联结构图谱中的连线粗细来表征。关联强度高于 0.5 的专利技术主题有 15 个专利技术主题，其中专利技术主题 11 与专利技术主题 20 的关联强度最大（1.206365），第二是专利技术主题 3 与专利技术主题 6 的关联强度（1.17324），第三是专利技术主题 7 与专利技术主题 11 的关联强度（1.115238），第四是专利技术主题 7 与专利技术主题 20 的关联强度（0.953716），第五是专利技术主题 7 与专利技术主题 13 的关联强度（0.85328）。在这 15 个强链接中形成了以专利技术主题 3、6、7、11、20 为核心的五角强链接关联结构，其他 10 个专利技术主题以这 5 个专利技术主题为核心互相链接（图 4.3）。

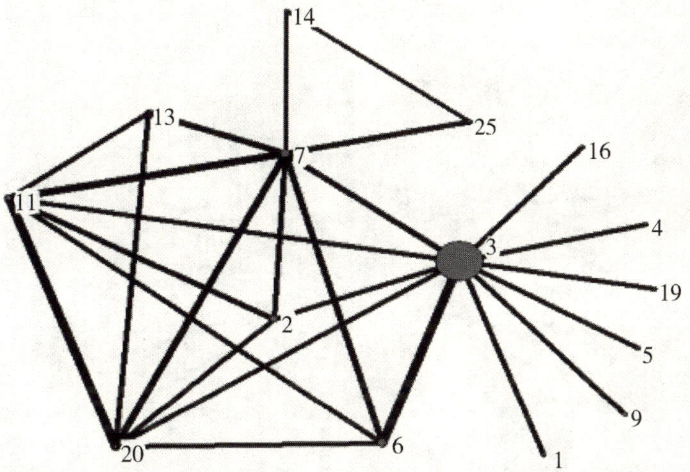


图 4.3 1994—2003 时段强链接专利技术主题关联结构图谱

Fig. 4.3 Relationship map of Patent technological topics with strong link from 1994 to 2003

图 4.3 显示，专利技术主题 3 的中间中心度最高，高达 106.227，其次是专利技术主题 20（21.0），其他几个中间中心度较大的专利技术主题依次是专利技术主题 7（14.427）、专利技术主题 6（13.427）、专利技术主题 2（11.344）、专利技术主题 11（5.477）、专利技术主题 9（3.067）。

专利技术主题 3 的主题词是“base-station 和 mobile-station”，即基站和移动台。它们是第三代移动通信领域的核心内容，因此该专利技术主题的中间中心度最高，在 23 个具有强链接的专利技术主题中有 11 个专利技术主题与专利技术主题 3 有强链接。

## 三、2004—2005 时段的专利技术主题

将 2004—2005 时段的 32×32 的专利技术主题的关联矩阵输入 Ucinet，应用 NetDraw 绘制出 2004—2005 时段的专利技术主题关联结构图谱（图 4.4）。

在 2004—2005 时段 32 个专利技术主题的关联结构图谱中，有 5 个专利技术主题处于弱链接（共现强度小于 0.25），它们分别是专利技术主题 6、25、26、27 和 31 这 5 个专利技术主题；27 个专利技术主题之间处于强链接（共现强度大于 0.25），专利技术主题之间的关联强度可以通过图谱中专利技

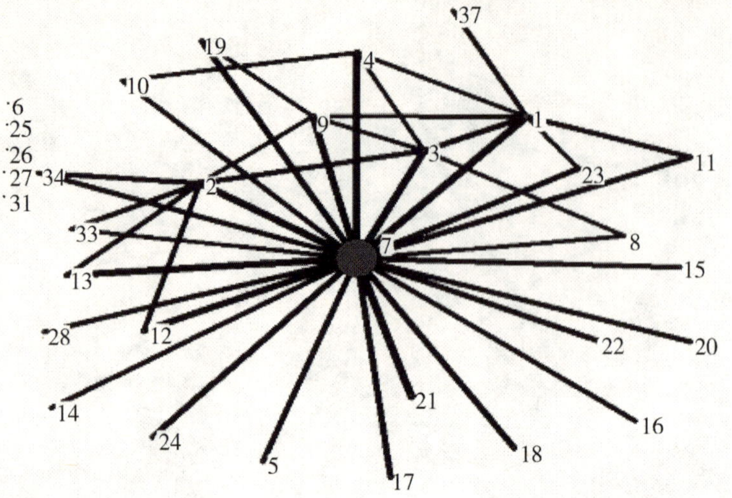


**图 4.4　2004—2005 时段专利技术主题关联结构图谱**

**Fig. 4.4　Relationship map of Patent technological topics from 2004 to 2005**

术主题之间的连线的粗细来表征。但在图谱中专利技术主题之间的关联强度都不是很高，关联强度高于 0.5 的专利技术主题没有，关联强度高于 0.4 的专利技术主题主要有 5 对专利技术主题，5 个专利技术主题都与专利技术主题 7 存在较强的关联关系。其中专利技术主题 7 与专利技术主题 2 的关联强度最高（0.47861），第二是专利技术主题 7 与专利技术主题 21 的关联强度（0.473522），第三是专利技术主题 7 与专利技术主题 3 的关联强度（0.452196），第四是专利技术主题 7 与专利技术主题 9 的关联强度（0.441267），第五是专利技术主题 7 与专利技术主题 4 的关联强度（0.40157）。

在图谱中显示专利技术主题 7 的中间中心度最高，高达 284.0，其次是专利技术主题 1（28.833），其他几个专利技术主题的中间中心度都基本差不多。专利技术主题 7 的主题词是"base-station 和 mobile-station"，即基站和移动台，是第三代移动通信领域的核心内容。因此该专利技术主题的中间中心度最高，在 27 个具有强链接的专利技术主题中有 25 个专利技术主题与专利技术主题 7 有强链接，只有专利技术主题 37 与专利技术主题 7 没有链接。

## 四、2006—2007 时段的专利技术主题

将 2006—2007 时段的 31×31 的专利技术主题的关联矩阵输入 Ucinet，应用 NetDraw 绘制出 2006—2007 时段的专利技术主题关联结构图谱（图 4.5）。

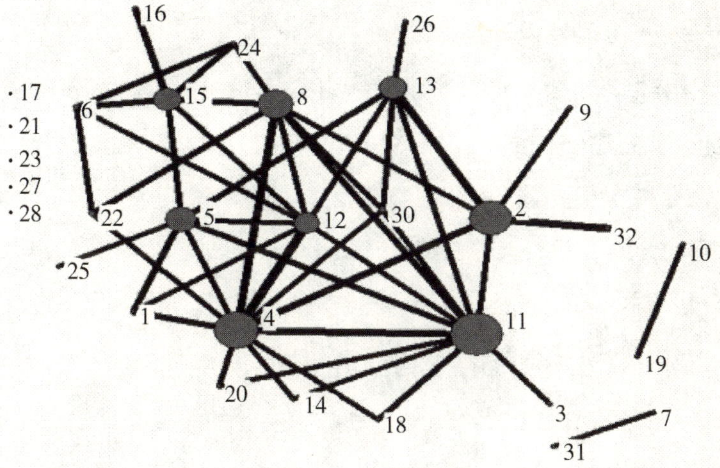


**图 4.5 2006—2007 时段专利技术主题关联结构图谱**

**Fig. 4.5 Relationship map of Patent technological topics from 2006 to 2007**

在 2006—2007 时段的 31 个专利技术主题关联结构图谱中，有 5 个专利技术主题与其他专利技术主题的链接属于弱链接（共现强度小于 0.25），它们分别是专利技术主题 17、21、23、27、28。有 26 个专利技术主题之间的链接属于强链接（共现强度大于 0.25）。图谱显示有 22 个专利技术主题互相链接构成一个较大的关联结构，还存在 2 个由专利技术主题 7 与专利技术主题 31、专利技术主题 10 与专利技术主题 19 构成的二方组。26 个专利技术主题之间的关联强度可以通过图谱中专利技术主题之间的连线的粗细来表征。其中专利技术主题 4 与专利技术主题 12 的关联强度最大（0.528385），第二是专利技术主题 2 与专利技术主题 32 的关联强度（0.43723），第三是专利技术主题 4 与专利技术主题 8 的关联强度（0.387066），第四是专利技术主题 4 与专利技术主题 11 的关联强度（0.383249），第五是专利技术主题 4 与专利技术主题 2 的关联强度（0.38311）。

在图谱中显示专利技术主题 11 的中间中心度最高，高达 52.002，其次是专利技术主题 4（44.617），其他几个中间中心度较大的专利技术主题依次是专利技术主题 2（40.586）、专利技术主题 8（33.260）、专利技术主题 5（29.752）、专利技术主题 15（25.555）、专利技术主题 13（24.917）、专利技术主题 12（23.374）等。

专利技术主题 11 的主题词是"realizing-method 和 internet-protocol-multimedia"（实现方法和 IP 多媒体）。它们是第三代移动通信领域的核心内容，因此该专利技术主题的中间中心度最高，有 11 个专利技术主题与其具有强链接，它们分别是专利技术主题 2、3、4、5、8、12、13、14、18、20、30 等 11 个专利技术主题。

## 五、2008—2010 时段的专利技术主题

将 2008—2010 时段的 32×32 的专利技术主题的关联矩阵输入 Ucinet，应用 NetDraw 绘制出 2008—2010 时段的专利技术主题关联结构图谱（图 4.6）。

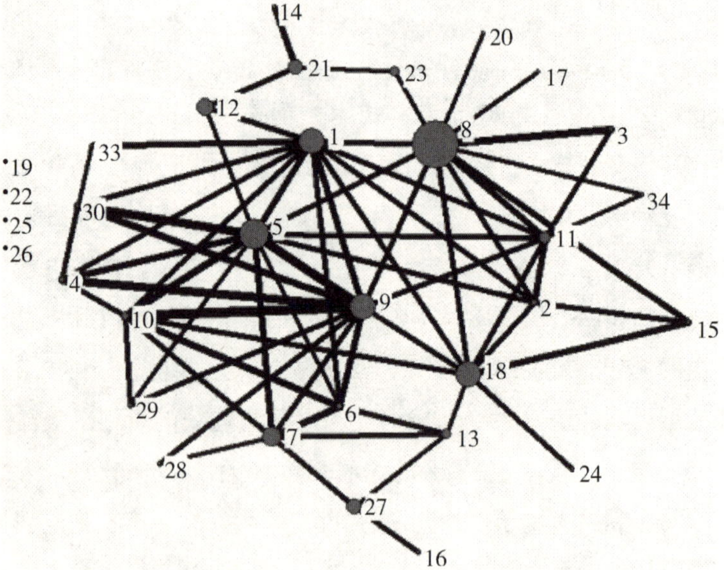


**图 4.6　2008—2010 时段专利技术主题关联结构图谱**

**Fig. 4.6 Relationship map of Patent technological topics from 2008 to 2010**

在2008—2010时段的32个专利技术主题关联结构图谱中，有4个专利技术主题与其他专利技术主题的链接属于弱链接（共现强度小于0.3），它们分别是专利技术主题19、22、25、26；28个专利技术主题间具有强链接（共现强度大于0.3），28个专利技术主题之间的关联强度可以通过图谱中专利技术主题之间的连线的粗细来表征。其中专利技术主题9与专利技术主题5的关联强度最高(0.722398)、第二是专利技术主题9与专利技术主题10的关联强度（0.690817)、第三是专利技术主题9与专利技术主题4的关联强度（0.6252368)、第四是专利技术主题5与专利技术主题30的关联强度（0.6114712)、第五是专利技术主题9与专利技术主题30的关联强度（0.58442077)。

在图谱中显示专利技术主题8的中间中心度最高，高达108.87，其次是专利技术主题5（62.857)，其他几个中间中心度较大的专利技术主题依次分别是专利技术主题1（55.544)、专利技术主题18（54.430)、专利技术主题9(54.158)、专利技术主题7（40.5)、专利技术主题12（31.1)、专利技术主题27（26.0)、专利技术主题21（26.0）等。

专利技术主题8的主题词是“terrestrial-radio-access-network 和evolved-universal-mobile-telecommunication-system”（陆地无线接入网，进化的通用移动通信系统）。它们是第三代移动通信领域的核心内容，因此该专利技术主题的中间中心度最高，有12个专利技术主题与其具有强链接，它们分别是专利技术主题1、2、3、5、11、15、17、18、20、23、24、34这12个专利技术主题。

## 第三节　专利技术主题关联结构的动态比较

专利技术主题关联结构的动态分析，主要包括两个方面：一是与整个时段比较，专利技术主题之间的关联关系是在哪个时段形成的；二是四个时段相比较，分析新出现的专利技术主题的关联关系，以及中间中心度值的变化；分析前一阶段专利技术主题在下一个时段关联关系，以及中间中心度值的变化；四个时段专利技术主题关联关系，以及中间中心度值的变化。

虽然每个时段在专利技术主题生成的方法上是一致的，但是由于每个时段技术术语共现的频次不同，会导致同一个技术术语在不同时段的余弦指数值差别很大，这样在构成专利技术主题时，前一个时段作为专利技术主题的主题词，在下一个时段不一定也作为某一个专利技术主题的主题词同时出现，因此，在进行比较分析时，只要两个时段的某两个专利技术主题的主题词中有一个以上主题词相同，就认为这两个专利技术主题的内容相同，可以作为同一个专利技术主题来对待。

## 一、四个时段之间相同专利技术主题的比较

通过比较四个时段的专利技术主题，有 27 个专利技术主题的内容相同（表 4.1）。在 27 个专利技术主题中，1994—2003 时段与 2004—2005 时段有 9 个专利技术主题相同，这 9 个相同的专利技术主题中，有一个专利技术主题“dedicated-channel”（专用信道）在 2006—2007 时段和 2008—2010 时段仍然存在，根据专利技术主题的战略坐标分析的结果，该专利技术主题在 1994—2003、2004—2005 和 2006—2007 三个时段中，都处于战略坐标的第一象限，属于核心的专利技术主题，在 2008—2010 时段因为内联度有所下降，处于战略坐标的第二象限，变为次级专利技术主题，又因为其外联度还较高，该专利技术主题的内容更新能力较强。还有一个专利技术主题“output-signal”（输出信号）在 2006—2007 时段仍然存在。其他专利技术主题的主题词的变化较大，表征了这些专利技术主题稳定性较弱，因为主题词与其他技术术语的共现强度的变化，失去主题词的中心地位，被吸入其他专利技术主题中。

**表 4.1　四个时段相同专利技术主题的主题词**

**Tab. 4.1　Common Patent technological terms of four times**

| 技术主题的主题词 | (1) | (2) | (3) | (4) |
|---|---|---|---|---|
| wireless-service；universal-packet | 2 | 1 | | |
| base-station；mobile-station | 3 | 7 | | |
| mobile-telephone-network | 4 | 27 | | |

续表

| 技术主题的主题词 | (1) | (2) | (3) | (4) |
|---|---|---|---|---|
| input-signal | 6 | 15 | | |
| dedicated-channel | 10 | 4 | 8 | 21 |
| packet-data-service-node | 12 | 22 | | |
| output-signal | 13 | 15 | 19 | |
| communication-device | 18 | 8 | | |
| data-transmission | 20 | 12 | | |
| target-base-station | | 5 | 1 | 11 |
| source-base-station | | | 1 | 11 |
| supporting-node | | | 2 | 3 |
| serving-general-packet-radio-service | | | 2 | 3 |
| terrestrial-radio-access-network | | | 4 | 8 |
| uplink-signal | | 10 | 5 | |
| receiving-quality | | | 6 | 13 |
| transmission-time-interval | | 13 | 30 | |
| frequency-domain | | | 15 | 10 |
| wireless-link | | 14 | 14 | |
| base-transceiver-station | | 17 | 13 | |
| wireless-network-controller | | 18 | 14 | |
| internet-protocol-multimedia | | 23 | 11 | |
| carrier-frequency | | 31 | 27 | |
| access-terminal | | | 23 | 18 |
| location-information | | | 26 | 22 |

注：(1)：1994—2003；(2)：2004—2005；(3)：2006—2007；(4)：2008—2010。表中的数字表示在相应时段的专利技术主题的编号。

2004—2005 时段与 2006—2007 时段有 10 个专利技术主题相同，其中有两个专利技术主题是从前两个时段继承下来的，即“专用信道”和“输出信号”；其他 8 个专利技术主题是自 2004 年形成的；这两个时段的 10 个专利技术主题中只有两个在 2008—2010 时段仍然存在，它们是“专用信道”和“目标基站”。

2006—2007 时段与 2008—2010 时段有 8 个专利技术主题相同。其中除了“dedicated-channel”（专用信道）外，其他专利技术主题的主题词在前几个时段都没有作为主题词出现，表征了这些专利技术主题属于新兴的专利技术主题。

在表 4.1 中，列出了 1994—2003 时段与 2004—2005 时段相同的专利技术主题有 9 个，每个专利技术主题的主题词所对应的两个数字，表示在相应时段该专利技术主题的序号，根据 1994—2003 时段、2004—2005 时段的专利技术主题关联矩阵，可以分别构建出两个时段相同专利技术主题的关联矩阵，并运用 Ucinet 软件绘制出两个时段的相同专利技术主题的关联结构图谱（图 4.7）。

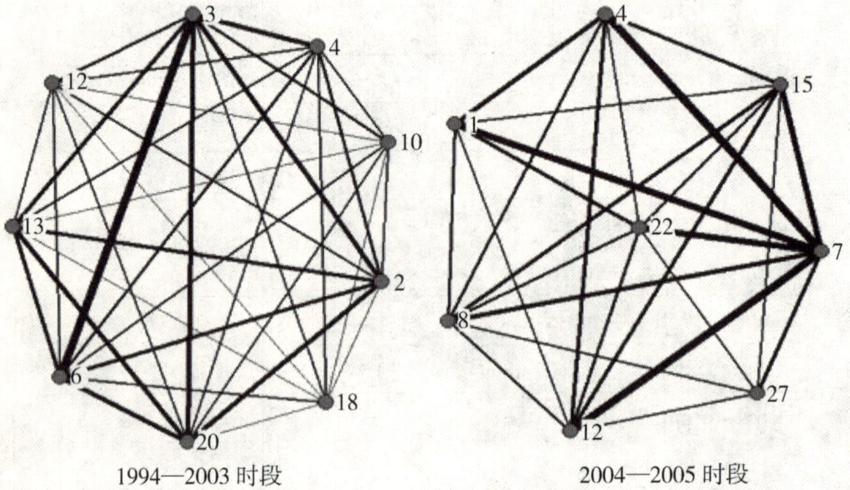


**图 4.7　1994—2003 时段与 2004—2005 时段相同技术主题**

**Fig. 4.7　Relationship map of common technological topics in period 1994—2003 and 2004—2005**

在图 4.7 中，两个时段相同的专利技术主题 3 与 7“base-station；mobile-station”（基站，移动台）分别在各自时段中与其他专利技术主题具有较强的关联关系。在 1994—2003 时段与专利技术主题 3 关联强度较大的专利技术主题是 2、6、20；在 2004—2005 时段与专利技术主题 7 关联强度较大的专利技术主题是 1、4、12、15、22。表明在 1994—2003 时段关联强度较大的专利技术主题，在 2004—2005 时段仍然保持较高的关联强度，即 2－1 “wireless-service；universal-packet”（无线服务，通用包），6－15 “input-signal”（输入信号），20－12 “data-transmission” （数据传输），10－4 “dedicated-channel”（专用信道），12－22 “packet-data-service-node”（分组数据服务节点）在后一时段关联强度有所增强。

同样，依据表 4.1 中 2004—2005 时段与 2006—2007 时段的相同专利技术主题，分别构建两个时段相同专利技术主题的关联矩阵，并运用 Ucinet 软件分别绘制出两个时段的相同专利技术主题的关联结构图谱（图 4.8）。

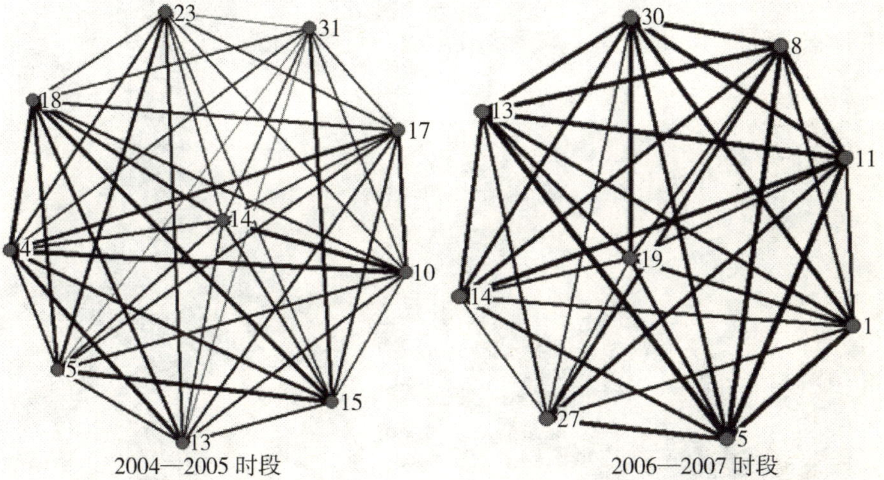


**图 4.8 2004—2005 时段与 2006—2007 时段相同技术主题**

**Fig. 4.8 Relationship map of common technological topics in period 2004—2005 and 2006—2007**

在图 4.8 中的 10 对相同专利技术主题中，与其他专利技术主题关联强度较大的专利技术主题不是很明显，在 2006—2007 时段的专利技术主题 5 与其他专利技术主题的关联强度稍强一些，其他均不明显，在 2004—2005 时段的专利技术主题 4 与其他专利技术主题的关联强度较大。从各专利技术主题之间的连线的粗细比较，可以看出，2006—2007 时段比 2004—2005 时段略强，连线较粗，表明在 2006—2007 时段各专利技术主题之间的联系有所增强。

同样的方法，绘制出 2006—2007 时段与 2008—2010 时段的相同专利技术主题关联结构图谱（图 4.9）。其中，专利技术主题 4 与 8 “terrestrial-radio- access-network”（地面无线接入网）分别在两个时段的图谱中与其他专利技术主题的关联强度较强，在 2006— 2007 时段与专利技术主题 4 关联强度较高的专利技术主题有：1— “target-base-station 和 source-base-station”（目标基站和源基站）、2— “supporting-node 和 serving-general- packet-radio-service”（支持节点和通用分组无线业务）、8— “dedicated-channel”（专用信道），在 2008—2010 时段与专利技术主题 8 关联强度较高的专利技术主题是 3、11、18、21，表明在 2006—2007 时段关联强度较高的专利技术主题，在 2008—2010 时段仍然是关联强度较高的专利技术主题。

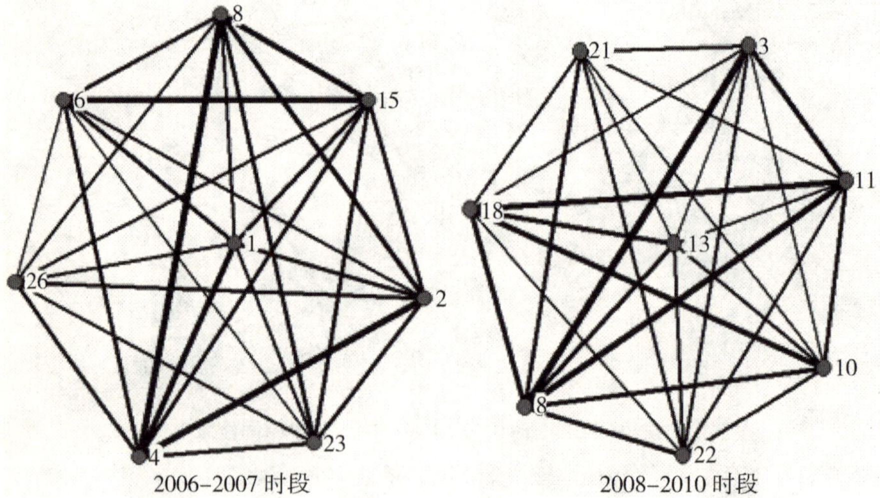


**图 4.9　2006—2007 时段与 2008—2010 时段相同技术主题**

**Fig. 4.9　Relationship map of common technological topics in period 2006—2007 and 2008—2010**

## 二、各时段与整个时段相同专利技术主题的比较

将1994—2010时段的专利技术主题分别与1994—2003、2004—2005、2006—2007、2008—2010四个时段的专利技术主题相比较，并运用Ucinet软件绘制出相同专利技术主题关联结构比较图。

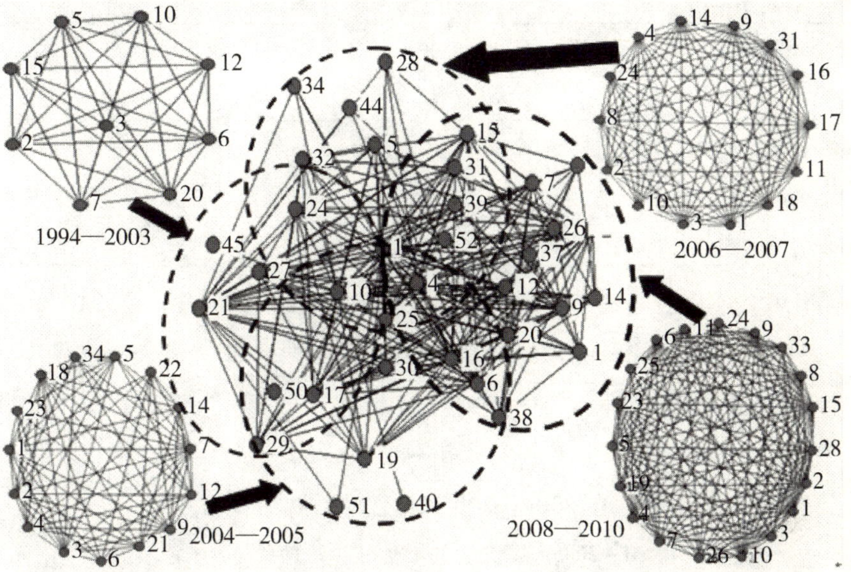


图4.10 1994—2010时段专利技术主题关联结构的时间分布图

Fig. 4.10 Time distribution of relationship between Patent technological topics in period 1994—2010

从整个时段的专利技术主题关联结构分别与四个时段的专利技术主题关联结构比较中可以看出，1994—2003时段与1994—2010时段相比较，1994—2010时段的50个专利技术主题中，有9个专利技术主题在1994—2003时段出现，仅占18%的专利技术主题在1994—2003时段形成关联关系（表4.2）。

表4.2 1994—2003时段出现的1994—2010时段的专利技术主题

Tab. 4.2 Common Patent technological topics in period 1994—2003 and 1994—2010

| 专利技术主题的主题词 | 1994—2003 | 1994—2010 |
|---|---|---|
| universal-packet；wireless-service | 2 | 1 |

续表

| 专利技术主题的主题词 | 1994—2003 | 1994—2010 |
|---|---|---|
| mobile-station | 3 | 17 |
| code-division-multiple-access-network | 5 | 21 |
| power-amplifier | 6 | 45 |
| baseband-signal；analog-to-digital-converter | 7 | 10 |
| dedicated-channel | 10 | 24 |
| packet-data-service-node | 12 | 50 |
| radio-network-controller | 15 | 27 |
| data-transmission | 20 | 29 |

自 2004 年以后的三个阶段相同的专利技术主题有所增加，2004—2005 时段与 1994—2010 时段相比较，1994—2010 时段的 50 个专利技术主题中，有 15 个专利技术主题，即 30%的专利技术主题在 2004—2005 时段存在关联关系（表 4. 3）。其中有 5 个专利技术主题（1、4、7、12、22）在 1994—2003 就已经存在关联关系，在 2004—2005 时段继续维持关联关系。

**表 4. 3　2004—2005 时段出现的 1994—2010 时段的专利技术主题**

**Tab. 4. 3　Common Patent technological topics in period 2004—2005 and 1994—2010**

| 专利技术主题的主题词 | 2004—2005 | 1994—2010 |
|---|---|---|
| universal-packet；wireless-service | 1 | 1 |
| control-information | 2 | 16 |
| uplink-channel；downlink-channel | 3 | 19 |
| dedicated-channel | 4 | 10 |
| target-base-station | 5 | 4 |
| third-generation-network | 6 | 6 |
| mobile-station | 7 | 17 |
| receiving-data-packet | 9 | 51 |
| data-transmission；subscriber-station | 12 | 29 |

续表

| 专利技术主题的主题词 | 2004—2005 | 1994—2010 |
|---|---|---|
| wireless-link | 14 | 30 |
| wireless-network-controller | 18 | 30 |
| target-signal-interference-noise-ratio；transmission-power-control-method | 21 | 40 |
| packet-data-service-node | 22 | 50 |
| internet-protocol-multimedia | 23 | 25 |
| data-unit | 34 | 38 |

2006—2007 时段与 1994—2010 时段相比较，1994—2010 时段的 50 个专利技术主题中，有 15 个专利技术主题（表 4.4），即 30%的专利技术主题在 2006—2007 时段存在关联关系。其中有 2 个专利技术主题（8、10）在 1994—2003 时段就已经存在关联关系，有 3 个专利技术主题（1、11、14）在 2004—2005 时段就已经存在关联关系。

**表 4.4　2006—2007 时段出现的 1994—2010 时段的专利技术主题**

**Tab. 4.4　Common Patent technological topics in period 2006—2007 and 1994—2010**

| 专利技术主题的主题词 | 2006—2007 | 1994—2010 |
|---|---|---|
| target-base-station；source-base-station | 1 | 4 |
| serving-general-packet-radio-service | 2 | 39 |
| module-card；subscriber-identity | 3 | 5 |
| terrestrial-radio-access-network | 4 | 15 |
| dedicated-channel | 8 | 10 |
| common-channel | 8 | 24 |
| short-message-service；short-message-service-message | 9 | 28 |
| analog-to-digital-converter | 10 | 10 |
| internet-protocol-multimedia | 11 | 25 |
| wireless-link；wireless-network-controller | 14 | 30 |
| multiple-input-multiple-output-system | 16 | 31 |

续表

| 专利技术主题的主题词 | 2006—2007 | 1994—2010 |
|---|---|---|
| channel-impulse-response；communication-signal | 17 | 32 |
| code-division-multiple-access-module；utility-model | 18 | 34 |
| time-interval | 24 | 44 |
| setting-unit | 31 | 52 |

2008—2010 时段与 1994—2010 时段相比较，1994—2010 时段的 50 个专利技术主题中，有 21 个专利技术主题（表 4.5），即 38%的专利技术主题在 2008—2010 时段存在关联关系。其中有 3 个专利技术主题（9、11、19）在 2004—2005 时段就已经形成关联关系；有 3 个专利技术主题（3、8、11）在 2006—2007 时段就已经存在关联关系。

**表 4.5　2008—2010 时段出现的 1994—2010 时段的专利技术主题**

**Tab. 4.5　Common Patent technological topics in period 2008—2010 and 1994—2010**

| 专利技术主题的主题词 | 2008—2010 | 1994—2010 |
|---|---|---|
| transmitting-sounding-reference-signal；　sounding-reference-signal | 1 | 1 |
| source-node | 2 | 2 |
| serving-general-packet-radio-service | 3 | 39 |
| downlink-control-information；downlink-control-information-format | 4 | 7 |
| downlink-carrier；uplink-carrier | 5 | 9 |
| macro-base-station；femto-base-station | 6 | 12 |
| mobile-station-apparatus；base-station-device | 7 | 14 |
| terrestrial-radio-access-network | 8 | 15 |
| evolved-universal-mobile-telecommunication-system | 8 | 15 |
| control-information | 9 | 16 |
| transmission-control-information | 9 | 16 |
| time-domain | 10 | 31 |

续表

| 专利技术主题的主题词 | 2008—2010 | 1994—2010 |
|---|---|---|
| target-base-station；source-base-station | 11 | 4 |
| communication-data；home-evolve-node-b | 15 | 26 |
| third-generation-network | 19 | 6 |
| single-frequency-network | 23 | 37 |
| communication-channel | 24 | 52 |
| home-node-b | 25 | 13 |
| control-module | 26 | 41 |
| orthogonal-frequency-division-multiplexing-system | 28 | 20 |
| relay-node | 33 | 38 |

通过 4 个时段与 1994—2010 时段的比较，只要 50 个专利技术主题中每个专利技术主题的 2 个主题词有一个出现，就认为专利技术主题在相应的时段出现，与其他专利技术主题形成关联关系。只要一个专利技术主题的 2 个主题词都没有在任何时段出现，就可以认为该专利技术主题没有在任何时段与其他专利技术主题形成关联关系。通过比较结果显示，专利技术主题 3、8、11、18、22、23、33、35、36、42、43、48、54 等都没有在相应时段与其他专利技术主题形成关联关系。

## 第四节　专利技术主题关联结构对技术研发的启示

本章运用社会网络分析法对专利技术主题的关联结构进行了静态和动态分析，虽然基于专利文献的计量分析不能完全表征专利技术主题结构及演变的全貌，但是基本能够展示第三代移动通信技术领域的专利技术主题之间的关联关系。静态和动态展示了专利技术主题的关联结构及其变化，凸显了中间中心度较高的专利技术主题，以及与其有较强链接的专利技术主题。分析结果显示，3G 专利技术主题的关联结构随着研究的不断深入，促使专利技术主题间的关联强度越来越强，专利技术主题之间的联系越来越广泛，同时专利技术主题不断更新。

在专利技术主题关联结构的静态分析中，有 37 个专利技术主题之间存在较强的链接。其中通用分组无线业务是核心，与上下载波、通用移动通信系统无线接入网络、传输控制信息、基带信号模拟数字转换器等共同构成了关联结构的核心。这些专利技术主题不但中间中心度都较高，而且与其他专利技术主题的链接比较紧密，在 3G 的整个技术领域中居于核心地位。因此，在 3G 的研究和向下一代技术研发的进程中，要重点专注这些中间中心度较高的专利技术主题的研发，同时也要密切关注与这些中间中心度高的专利技术主题链接强度较大的专利技术主题。充分发挥这些核心专利技术主题、链接强度较高的专利技术主题在技术发展中的交叉、融合的桥梁、纽带作用。

在专利技术主题关联结构的不同时段比较分析中，专利技术主题在内容上既有继承又有更新，下一个时段与上一个时段相比较，在继承了前一个时段的一些专利技术主题的基础上，同时又形成了新的专利技术主题，这是知识单元的游离和重组的结果。如 2004—2005 时段继承了 1994—2003 时段的通用分组无线业务、基站与移动台、数据信号传输、分组数据服务节点等 9 个主题；2006—2007 时段继承了 2004—2005 时段的专用信道、信号输出、系列基站、传输时间间隔、无线网络控制器等 10 个主题；2008—2010 时段继承了 2006—2007 时段的系列基站、通用分组无线业务、地面无线接入网络、访问终端等 8 个主题。随着技术的快速发展，关注的热点不断变化，专利文献内容更新迅速，因此，在 3G 的实际研发中，要时刻跟踪研发热点的变化，争取做到早发现、早投入、早研发、早申请。

在整个时段的专利技术主题关联结构与分时段的专利技术主题关联结构的比较分析中，专利技术主题的形成在不同时段的规律是逐渐增加，专利技术主题之间的关联关系增强，同时各时段形成的专利技术主题有交叉。各时段交叉存在的专利技术主题表征了 3G 研发内容或研发方向的继承和延续，如通用分组无线业务、系列基站、基带信号模拟数字转换器、IP 多媒体子系统等；各时段非交叉的专利技术主题表征了各个阶段新增的 3G 研发内容或研发方向，即专利技术主题的更新变化，如主基站网关、移动台装置、WCDMA 网络、短消息服务、CDMA 实用新型、目标信号干扰噪声比、功率放大器等。这些变化基本能够表明专利技术主题发展的周期性和互联性，即一个完整的技术系统内部各种技术并不是孤立存在的，它们相互之间依其内在联系构成技术体系，其中包括最先产生并起带动作用的先导技术，渗透性强和关联度强的主导技术，以及相配套的辅助技术等，并遵循着诞生、成长、成熟、衰弱的生命周期。因此，在 3G 发展过程中，无论在研发政策制定上还是在研发项目的资助和扶持上都要与时俱进，不能停留在原来的研究内容和方向上，只有不断地更新研发内容和方向，才能在该领域的技术研发上有所突破和创新。

# 第五章 专利技术主题的强链接结构分析

第四章专利技术主题的关联结构分析只是研究了专利技术主题之间的关联关系，并没有深入研究专利技术主题之间的关联是怎样形成的，以及主要通过哪些关键节点形成的。因此，本章通过分析专利技术主题之间的强链接结构，揭示专利技术主题之间形成链接的主要通道和关键技术术语。

所谓专利技术主题的强链接结构，是指专利技术主题与专利技术主题之间的所有链接中最强的链接。因为专利技术主题间的链接是通过构成专利技术主题的技术术语形成的，因此，本章分析的专利技术主题的强链接实质是专利技术主题间最大外联度的技术术语之间的链接。

## 第一节 专利技术主题强链接的识别指标和方法

### 一、识别指标的界定和计算

外联度是度量聚类内部的某个技术术语与其他聚类的技术术语的共现强度的指标，在第二章和第三章中均有介绍，一般是通过计算某个技术术语与其他聚类的技术术语的链接边数、链接强度来表示。

本章的专利技术主题强链接的识别指标为“最大外联度”，即将每个聚类中所包括的技术术语的外联度进行比较，链接强度最大的外联度。本书综合考虑各种计算方法的利弊，选择聚类内的某技术术语与聚类外的其他技术术语之间的余弦指数之和来度量，余弦指数之和越大，外联度越高，表明该聚类与其他聚类主要通过这些外联度较高的技术术语形成链接。如果将某聚类内的所有技术术语与聚类外的其他技术术语的余弦指数之和进行比较，可以确定该聚类内部的外联度最大的技术术语，该技术术语就是该聚类与其他聚类链接的主要节点，在一定程度上表征了该聚类与其他聚类的链接能力，也表明该聚类最容易通过该技术术语与其他聚类形成链接。每个聚类中都存在这样的技术术语，这些外联度最大的技术术语就是专利技术主题间形成链接的重要节点。本书将这些技术术语之间的链接定义为专利技术主题的强链接，表征专利技术主题是通过这些外联度最大的技术术语与其他专利技术主题形成强链接的。

## 二、专利技术主题强链接的识别原则

（1）确定强链接的识别范围。在技术术语共现网络中主要包括两种链接，一是聚类内部的各技术术语之间的链接，将其称为内部链接，其链接强度称为内联度；二是聚类内部的技术术语与聚类外的其他技术术语之间的链接，将其称为外部链接，其链接强度称为外联度。因此专利技术主题强链接的识别，不涉及聚类内部各技术术语之间的链接，只在聚类内部的技术术语与聚类外部的其他技术术语之间的链接中来识别强链接。

（2）构建强链接识别的共现矩阵。专利技术主题之间的强链接是通过聚类内部的外联度最大的技术术语之间的链接来识别的。因此，在技术术语共现矩阵的基础上，按照比较出来的外联度最大的技术术语列表，构建出外联度最大的技术术语共现矩阵。共现矩阵中的数值能够表征最大外联度的技术术语间的共现关系和共现强度，两个最大外联度的技术术语之间的共现强度如果大于零，表明二者之间存在共现关系，数值越大，表明链接强度越大；如果等于零，则表明虽然是所在聚类外联度最大的技术术语，但是与某个聚类外联度最大的技术术语之间不存在共现关系。

## 三、专利技术主题强链接的识别方法

（1）在最大外联度的技术术语列表中，对所有最大外联度的技术术语进行比较，找出外联度最大的技术术语，并将其确定为强链接的根节点。

（2）遵循最小生成树法则，在最大外联度的技术术语共现矩阵中，运用MAX函数找出与根节点共现强度最大的技术术语，将其确定为与根节点强链接的节点，即强链接结构中的第二个节点，同时在最大外联度的技术术语共现矩阵中删除根节点；再按照同样的方法确定与强链接结构中的第二个节点形成强链接的技术术语，即为强链接结构中的第三个节点，在最大外联度的技术术语共现矩阵中删除第二个节点；依此类推，可以同样确定强链接结构中的第四个节点、第五个节点……直到将每个最大外联度的技术术语都确定在强链接结构中的合适位置为止。

(3) 在确定强链接的过程中，如果出现某个节点与所剩下的技术术语没有链接，即该节点与共现矩阵中所剩下的任何技术术语的共现强度（余弦指数值）为“0”时，表明强链接结构出现中断，但不意味着强链接结构到此结束，而是存在着新的强链接路径，这些强链接路径一般表现为强链接结构的分支路径。

(4) 强链接结构的分支路径的确定方法：在剩下的技术术语中，寻找与已经确定在强链接结构中的技术术语的最大链接。若两个技术术语间的链接强度最大，则表明该链接是以已处于强链接结构中的某个节点为根节点的一个强链接结构的分支。所剩下的其他技术术语再按照上述强链接的识别方法和步骤确定该强链接结构分支的其他节点。如果再出现中断，重复强链接结构分支的识别方法，确定另一个强链接结构的分支，直到将所有的最大外联度的技术术语都确定在强链接结构中的合适位置为止。

按照上述专利技术主题强链接的识别方法和步骤，最后生成一个具有分支结构的树状强链接结构图。

## 第二节　专利技术主题的强链接识别

在共现网络分析中，通常采用最短路径或中介中心性等来确定知识网络中的关键节点，本章将尝试运用最大外联度指标来确定专利技术主题间强链接结构的关键节点。按照本章第一节阐述的专利技术主题强链接的识别方法和步骤，首先识别并绘制出1994—2010整个时段的专利技术主题强链接结构图，对专利技术主题的强链接结构进行静态分析。

为了实现专利技术主题强链接结构的动态分析，需要将整个时段进行时段划分。为了增加各时段的可比性，避免因研发的分散和集中导致专利数据悬殊，同时也要降低划分时段的随意性和主观性，按照专利文献数据基本相当的原则来划分时段，尽可能保证每个时段的专利文献数量基本相当，本章仍将 1994—2010 时段划分为四个时段，即 1994—2003 时段、2004—2005 时段、2006—2007 时段、2008—2010 时段。通过绘制上述四个时段的专利技术主题强链接结构图，对专利技术主题强链接结构进行动态分析。

## 一、1994—2010 时段的专利技术主题强链接

根据外联度的定义和计算公式，分别计算出每个聚类中的各技术术语的外联度值，在聚类内部比较出外联度最大的技术术语，1994—2010 时段共生成 50 个有效聚类，即确定 50 个最大外联度的技术术语（表 5.1）。因为外联度指标主要度量某聚类与其他聚类的链接强度，因此，这 50 个最大外联度的技术术语分别是各自所在聚类与其他聚类形成强链接的关键节点。

**表 5.1 1994—2010 时段最大外联度的技术术语**

**Tab. 5.1 Technological terms with the highest external link in period 1994 to 2010**

| 类号 | 最大外联度的技术术语 | 余弦指数 | 类号 | 最大外联度的技术术语 | 余弦指数 |
|---|---|---|---|---|---|
| 1 | user-equipment | 27.79 | 26 | cellular-telephone | 14.66 |
| 2 | base-station | 28.17 | 27 | radio-network-controller | 17.86 |
| 3 | wireless-communication-network | 13.68 | 28 | mobile-communication-device | 11.57 |
| 4 | mobile-communication-system | 22.33 | 29 | data-transmission | 17.11 |
| 5 | mobile-communication-network | 13.59 | 30 | time-division-synchronous-code-division-multiple-access | 11.62 |
| 6 | third-generation | 15.46 | 31 | receiving-data | 16.88 |
| 7 | transmitting-data | 19.55 | 32 | performing-method | 15.01 |

续表

| 类号 | 最大外联度的技术术语 | 余弦指数 | 类号 | 最大外联度的技术术语 | 余弦指数 |
|---|---|---|---|---|---|
| 8 | access-network | 14.56 | 33 | mobile-telephone | 17.04 |
| 9 | wireless-communication-system | 20.83 | 34 | network-node | 12.09 |
| 10 | transmission-power | 17.51 | 35 | processing-unit | 13.58 |
| 11 | radio-link | 17.79 | 36 | transmission-rate | 10.70 |
| 12 | neighboring-cell | 16.13 | 37 | cellular-network | 10.78 |
| 13 | user-terminal | 17.54 | 38 | packet-data | 10.66 |
| 14 | determination-unit | 11.83 | 39 | communication-network | 14.22 |
| 15 | universal-mobile-telecommunication-system | 18.55 | 40 | air-interface | 2.92 |
| 16 | control-channel | 19.41 | 41 | downlink-signal | 11.59 |
| 17 | mobile-station | 21.00 | 42 | high-speed-downlink-packet-access | 12.61 |
| 18 | long-term-evolution-system | 16.18 | 43 | random-access-channel | 7.92 |
| 19 | uplink-data | 10.43 | 44 | time-interval | 9.38 |
| 20 | frequency-band | 15.01 | 45 | power-amplifier | 7.10 |
| 21 | intermediate-frequency | 21.75 | 48 | supporting-method | 4.48 |
| 22 | control-unit | 14.29 | 50 | internet-protocol-network | 5.79 |
| 23 | threshold-value | 16.77 | 51 | receiving-data-packet | 4.62 |
| 24 | radio-resource | 15.52 | 52 | communication-channel | 7.85 |
| 25 | determination-result | 11.10 | 54 | rake-receiver | 2.85 |

依据表5.1中的50个技术术语，在1994—2010时段的技术术语共现矩阵（476×476）的基础上，构建出50个最大外联度的技术术语共现矩阵（50×50），按照专利技术主题强链接的识别方法和步骤，确定各技术术语在强链接结构中的合适位置，并运用绘图软件绘制出1994—2010时段的树状专利技术主题强链接结构图（图5.1）。

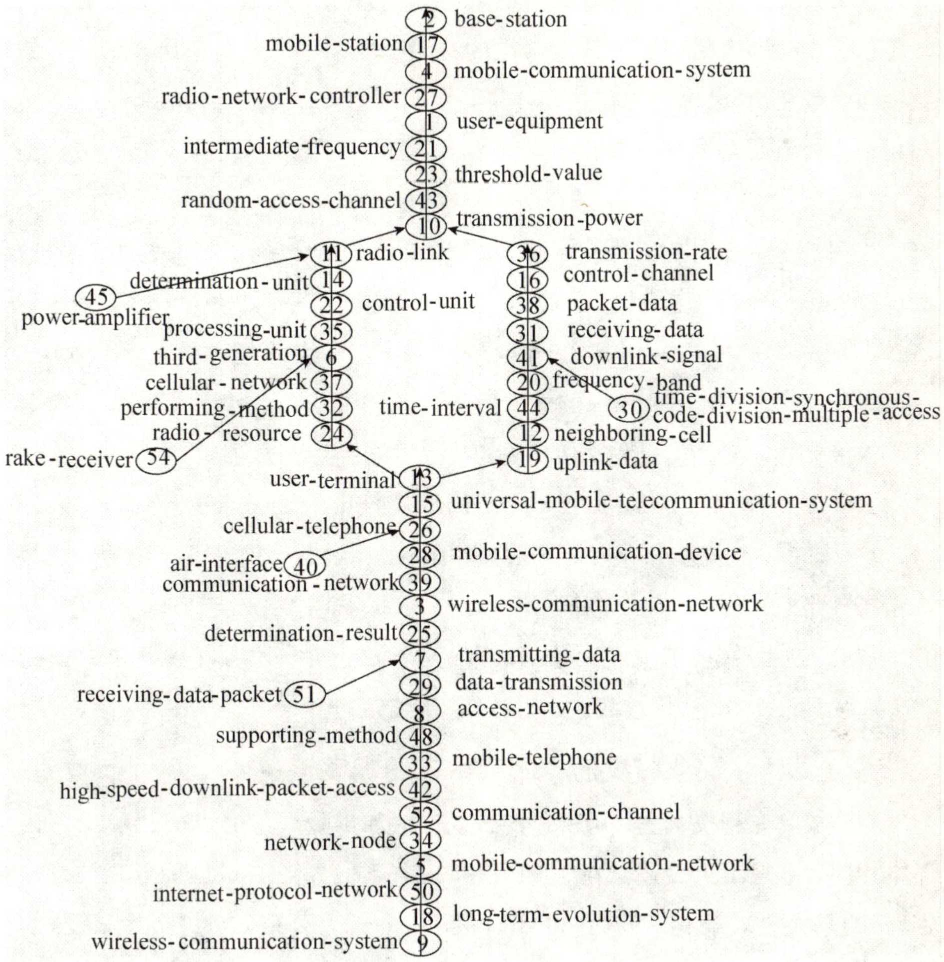


**图 5.1 1994—2010 时段专利技术主题强链接结构图**

**Fig. 5.1 Powerful links network of Patent technological topics in period 1994 to 2010**

在 1994—2010 时段的 50 个专利技术主题的强链接结构图中，根节点是“base-station”（基站），是整个时段的 50 个技术术语中外联度最大的技术术语，表征该技术术语在整个时段的专利技术主题链接结构中外部链接能力最强。依据移动通信系统和网络的结构来看，基站是移动通信系统和网络中的重中之重，因此与其他技术术语的链接最多，强度最强。梢节点是“wireless-communication-system”（无线通信系统），但其外联度值却是 50 个技术术语中排在第六位的，其外联度较高表明其与其他技术术语的链接比较广泛，但却是梢节点，则表明与其他技术术语的共现强度都不高，与任何技术术语的共现强度都在 10 名以外。在主要链路的中间段由“transmission-power”（传输功率）分出两个链路，又由“user-terminal”（用户终端）聚合到主要链路上。

在图 5.1 中存在 5 条分支链路。其中由“rake-receiver”（耙式接收机）和“air-interface”（空中接口）形成的两条分支链路分别通过“third-generation”（第三代）和“cellular- telephone”（手机）链接在主要链路上。“rake-receiver”和“air-interface”的外联度值是 50 个技术术语中最低的，表明其外部链接能力非常低，只和密切相关的技术术语有共现关系。

另外 3 条链路分别是：“time-division-synchronous-code-division-multiple-access”（时分同步码分多址）通过“downlink-signal”（下行信号）链接在主要链路上；“power- amplifier”（功率放大）通过“radio-link”（无线链路）链接在主要链路上；“receiving-data- packet”（接收数据包）通过“transmitting-data”（传输数据）链接在主要链路上。

## 二、1994—2003 时段的专利技术主题强链接

本时段的专利技术主题强链接的识别方法和步骤，与 1994—2010 时段的基本相同，这里不再赘述。在 1994—2003 时段的技术术语共现矩阵（249×249）的基础上，确定 1994—2003 时段 27 个最大外联度的技术术语（表 5.2），并生成共现矩阵（27×27）。

**表 5.2 1994—2003 时段最大外联度的技术术语**

**Tab. 5.2 Technological terms with the highest external link in period 1994 to 2003**

| 类号 | 最大外联度的技术术语 | 余弦指数 | 类号 | 最大外联度的技术术语 | 余弦指数 |
|---|---|---|---|---|---|
| 1 | code-division-multiple-access | 15.36 | 15 | radio-network-controller | 7.06 |
| 2 | radio-communication-system | 13.13 | 16 | mobile-telephone | 11.33 |
| 3 | threshold-value | 15.21 | 18 | modulating-signal | 3.19 |

续表

| 类号 | 最大外联度的技术术语 | 余弦指数 | 类号 | 最大外联度的技术术语 | 余弦指数 |
|---|---|---|---|---|---|
| 4 | data-packet | 12.71 | 19 | data-communication | 11.62 |
| 5 | cellular-telephone | 9.38 | 20 | mobile-radio-communication-system | 9.51 |
| 6 | electric-power | 13.73 | 21 | rake-receiver | 5.03 |
| 7 | received-signal | 13.48 | 22 | mobile-communication-device | 2.72 |
| 8 | code-division-multiple-access-receiver | 6.44 | 23 | mobile-communication-terminal | 9.39 |
| 9 | wideband-code-division-multiple-access-system | 15.28 | 24 | transmission-rate | 9.43 |
| 10 | control-channel | 9.06 | 25 | comparison-result | 5.07 |
| 11 | wireless-terminal | 10.19 | 27 | wideband-code-division-multiple-access | 8.73 |
| 12 | wireless-communication-system | 12.05 | 28 | user-terminal | 3.78 |
| 13 | user-data | 9.71 | 30 | wireless-device | 1.54 |
| 14 | radio-link | 7.48 | | | |

在 27×27 的技术术语共现矩阵中，按照专利技术主题强链接的识别方法和步骤，确定 27 个技术术语在强链接结构中的合适位置，并运用绘图软件绘制出 1994—2003 时段的专利技术主题强链接结构图（图 5.2）。

在 1994—2003 时段的专利技术主题强链接结构图中，根节点是“code-division- multiple-access”（码分多址），是 27 个技术术语中外联度值最大的技术术语，表征该技术术语在 1994—2003 时段专利技术主题强链接结构中的外部链接能力最强。梢节点有两个技术术语，分别是“comparison-result”（对比结果）和“radio-network-controller”（无线网络控制器），二者并不是 27 个技术术语中外联度值最低的，是由主要链路中的“mobile- communication-terminal”（移动通信终端）分出的两个分支的梢节点，表征与其链接的

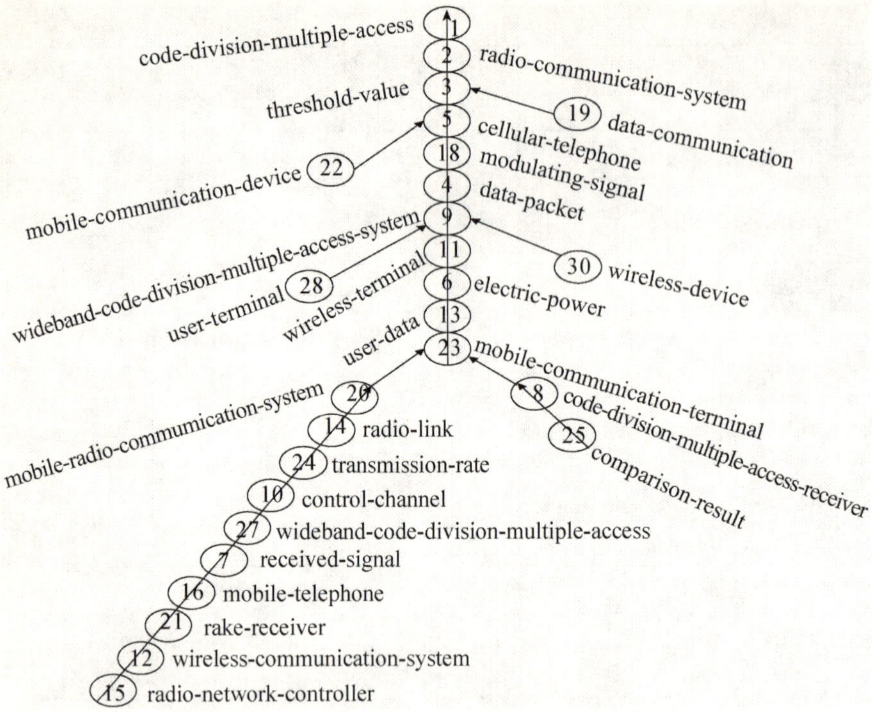


**图 5.2　1994—2003 时段专利技术主题强链接结构图**

**Fig. 5.2　Powerful links network of Patent technological topics in period 1994 to 2003**

"code-division-multiple-access-receiver"（码分多址接收机）和"mobile-radio- communication-system"（移动无线通信系统）两个技术术语与其共现的强度相同。

在 1994—2003 时段专利技术主题强链接结构图中，存在 4 条分支链路，其中有两条分支链路都是通过主要链路中的"wideband-code-division-multiple-access-system"（WCDMA，宽带码分多址系统）链接在主要链路上的，分别是"user-terminal"（用户终端）和"wireless-device"（无线设备），表征在该时段通信终端和设备主要基于宽带码分多址技术进行商用和生产。第 3 条分支链路是"data-communication"（数据通信）通过主要链路中的"threshold-value"（阈值）链接在主要链路上，表征数据通信系统可以通过阈值探测方法识别出信号，继而完成数据的传输；第 4 条分支链路是"mobile-communication-device”（移动通信设备）通过主要链路中的“cellular-telephone”（手机）链接在主要链路上的。从 4 条分支链路的内容上来看，基本都是移动终端或设备，而且处于 4 个分支链路上的 4 个技术术语中有 3 个技术术语的外联度值较低。表征了移动终端和设备虽然是 3G 移动通信系统中的构成部分，但是并不是 3G 网络中的主要部分，属于移动通信技术的商用和设备生产与使用。

## 三、2004—2005 时段的专利技术主题强链接

依照同样的识别方法和步骤，在 2004—2005 时段的技术术语共现矩阵（284×284）的基础上，确定 2004—2005 时段 32 个最大外联度的技术术语（表 5.3），并生成共现矩阵（32×32）。

表 5.3　2004—2005 时段最大外联度的技术术语

Tab. 5.3　Technological terms with the highest external link in period 2004 to 2005

| 类号 | 最大外联度的技术术语 | 余弦指数 | 类号 | 最大外联度的技术术语 | 余弦指数 |
|---|---|---|---|---|---|
| 1 | radio-network-controller | 10.24 | 17 | user-data | 5.86 |
| 2 | transmitting-information | 7.74 | 18 | wideband-code-division-multiple-access-system | 9.02 |
| 3 | user-equipment | 12.11 | 19 | receiving-data | 6.74 |
| 4 | node-b | 8.46 | 20 | providing-method | 5.97 |
| 5 | radio-link | 5.59 | 21 | user-terminal | 5.62 |
| 6 | third-generation | 6.47 | 22 | cellular-network | 5.83 |
| 7 | base-station | 13.68 | 23 | radio-access-network | 5.65 |
| 8 | cellular-telephone | 5.49 | 24 | transmission-signal | 5.85 |
| 9 | time-slot | 6.89 | 25 | mobile-communication-terminal | 5.52 |
| 10 | radio-communication-system | 5.00 | 26 | data-service | 1.93 |
| 11 | access-network | 5.81 | 27 | processing-unit | 2.27 |
| 12 | data-transmission | 6.37 | 28 | determining-method | 5.43 |

续表

| 类号 | 最大外联度的技术术语 | 余弦指数 | 类号 | 最大外联度的技术术语 | 余弦指数 |
|---|---|---|---|---|---|
| 13 | universal-mobile-telecommunication-system | 9.91 | 31 | specific-cell | 2.24 |
| 14 | wireless-network | 5.62 | 33 | receiving-method | 6.95 |
| 15 | code-division-multiple-access | 8.99 | 34 | data-unit | 3.97 |
| 16 | soft-handover | 7.50 | 37 | communication-terminal | 3.14 |

在 32×32 最大外联度的技术术语共现矩阵中，按照专利技术主题强链接的识别方法和步骤，确定 32 个技术术语在专利技术主题强链接结构中的合适位置，并运用绘图软件绘制出 2004—2005 时段专利技术主题强链接结构图（图 5.3）。

在 2004—2005 时段的专利技术主题强链接结构图中，根节点是“base-station”（基站），是 2004—2005 时段中外联度最大的技术术语，表征该技术术语在 2004—2005 时段的专利技术主题链接结构中的外部链接能力最强；梢节点有两个，分别是“data-service ”（数据服务）和“specific-cell”（特定小区），这两个技术术语是 32 个技术术语中外联度值最低的，且与“mobile-communication-terminal”（移动通信终端）的共现强度相同。数据服务是指针对用户终端所进行的通信业务，特定小区是针对特定用户终端在特定时间发送小区短信业务的区域，这些通信业务的实现需要借助主要链路中的空中接口技术（如 WCDMA）、切换技术（如软切换和硬切换）和基站建设等。

在 2004—2005 时段的专利技术主题强链接结构图中，存在 3 条分支链路，其中有两条分支链路都是通过“base-station”（基站）链接在主要链路上：一条分支链路是“wireless-network”（无线网络）通过“基站”链接在主要链路上，“无线网络”主要是利用无线电技术建立无线链接的语音和数据网络，狭义的基站是无线电台站的一种形式，是在一定的无线电网络覆盖区内，通过移动交换中心与用户终端进行信息传递的无线电收发信电台；另一条分支链路是“data-unit”（数据单元）与“data-transmission”（数据传输）

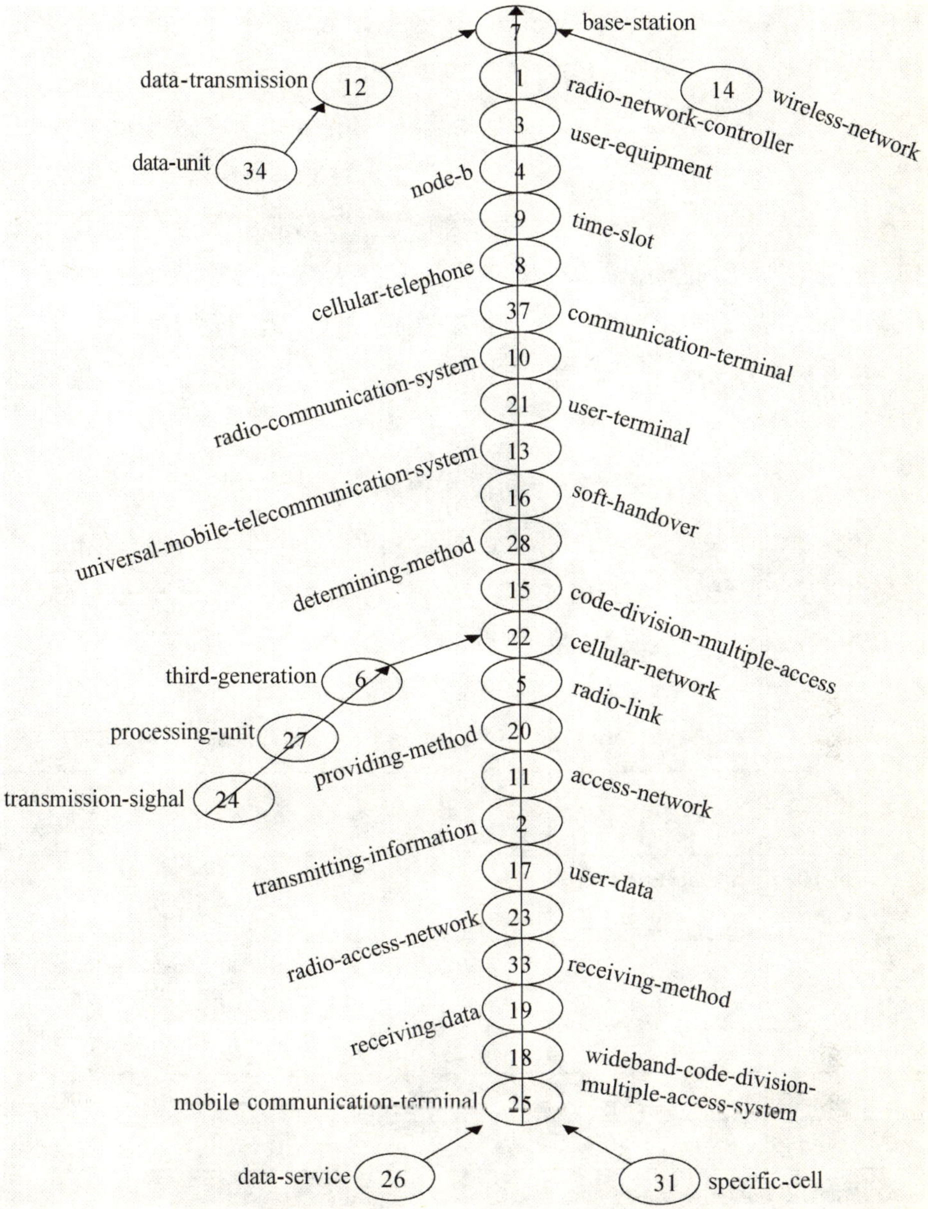


**图 5.3　2004—2005 时段专利技术主题强链接结构图**

**Fig. 5.3　Powerful links network of Patent technological topics in period 2004 to 2005**

通过“基站”链接在主要链路上，“数据单元”是网络信息传输的基本单位，在移动通信网络中传输的数据都是采用分组技术分成的若干个很小的数据包（即数据单元），有利于数据传输的标准化，简化了数据传输方式。

第 3 条分支链路是“transmission-signal”（信号传输）、“processing-unit”（处理单元）和“third-generation”（第三代），通过“cellular-network”（蜂窝网络）链接在主要链路上。“蜂窝网络”是呈正六边形的服务小区，彼此邻接、形状酷似蜂窝的网络结构，3G 网络是蜂窝网络的常见类型之一，“信号传输”是 3G 移动数据通信业务，但需要借助处理单元进行信号处理，不同通信系统对处理单元的要求不同，3G 或下一代移动通信系统中是高速处理单元。

## 四、2006—2007 时段的专利技术主题强链接

依据 2006—2007 时段的技术术语共现矩阵（292×292），按照专利技术主题强链接的识别方法和步骤，确定 2006—2007 时段 31 个最大外联度的技术术语（表 5.4），并生成共现矩阵（31×31）。

**表 5.4　2006—2007 时段最大外联度的技术术语**

**Tab. 5.4　Technological terms with the highest external link in period 2006 to 2007**

| 类号 | 最大外联度的技术术语 | 余弦指数 | 类号 | 最大外联度的技术术语 | 余弦指数 |
|---|---|---|---|---|---|
| 1 | mobile-communication-system | 12.57 | 17 | cellular-telephone | 6.68 |
| 2 | mobile-station | 10.90 | 18 | code-division-multiple-access | 7.87 |
| 3 | data-transmission | 6.86 | 19 | code-division-multiple-access-system | 8.59 |
| 4 | user-equipment | 14.57 | 20 | user-terminal | 8.64 |
| 5 | intermediate-frequency | 12.21 | 21 | wireless-network | 6.89 |
| 6 | radio-communication-system | 7.56 | 22 | third-generation | 9.89 |
| 7 | wireless-communication-system | 10.04 | 23 | data-packet | 5.91 |

续表

| 类号 | 最大外联度的技术术语 | 余弦指数 | 类号 | 最大外联度的技术术语 | 余弦指数 |
|---|---|---|---|---|---|
| 8 | node-b | 9.66 | 24 | transmission-power | 7.96 |
| 9 | transmission-method | 6.96 | 25 | mobile-terminal | 11.23 |
| 10 | control-unit | 6.72 | 26 | global-system-for-mobile-communication-network | 6.40 |
| 11 | time-division-synchronous-code-division-multiple-access-system | 9.27 | 27 | wideband-code-division-multiple-access | 7.77 |
| 12 | radio-network-controller | 11.91 | 28 | determination-result | 2.29 |
| 13 | base-station-controller | 6.62 | 30 | time-slot | 7.99 |
| 14 | multimedia-broadcast-multicast-service | 6.59 | 31 | network-node | 4.24 |
| 15 | base-station | 16.57 | 32 | radio-channel | 3.48 |
| 16 | control-channel | 8.28 | | | |

在 31×31 的最大外联度的技术术语共现矩阵中，按照专利技术主题强链接的识别方法和步骤，确定 31 个技术术语在专利技术主题强链接结构中的合适位置，并运用绘图软件绘制出 2006—2007 时段的专利技术主题强链接结构图（图 5.4）。

在 2006—2007 时段的专利技术主题强链接结构图中，根节点是“base-station”（基站），是 2006—2007 时段中外联度最大的技术术语，表征该技术术语在 2006—2007 时段的专利技术主题链接结构中的外部链接能力最强；梢节点是“control-unit”（控制单元），但其外部链接能力并不是 31 个技术术语中最低的，其中有 8 个技术术语的外联度值都比“控制单元”低，其之所以是专利技术主题强链接结构中的梢节点。原因是其虽然与其他技术术语都有链接，但与其他 30 个技术术语的共现强度都很弱，甚至没有链接，表征该技术术语在专利技术主题链接结构中，“控制单元”只是专利技术主题 10 中外联度值最大的技术术语，在该时段的技术术语共现网络中与其他技术术语的

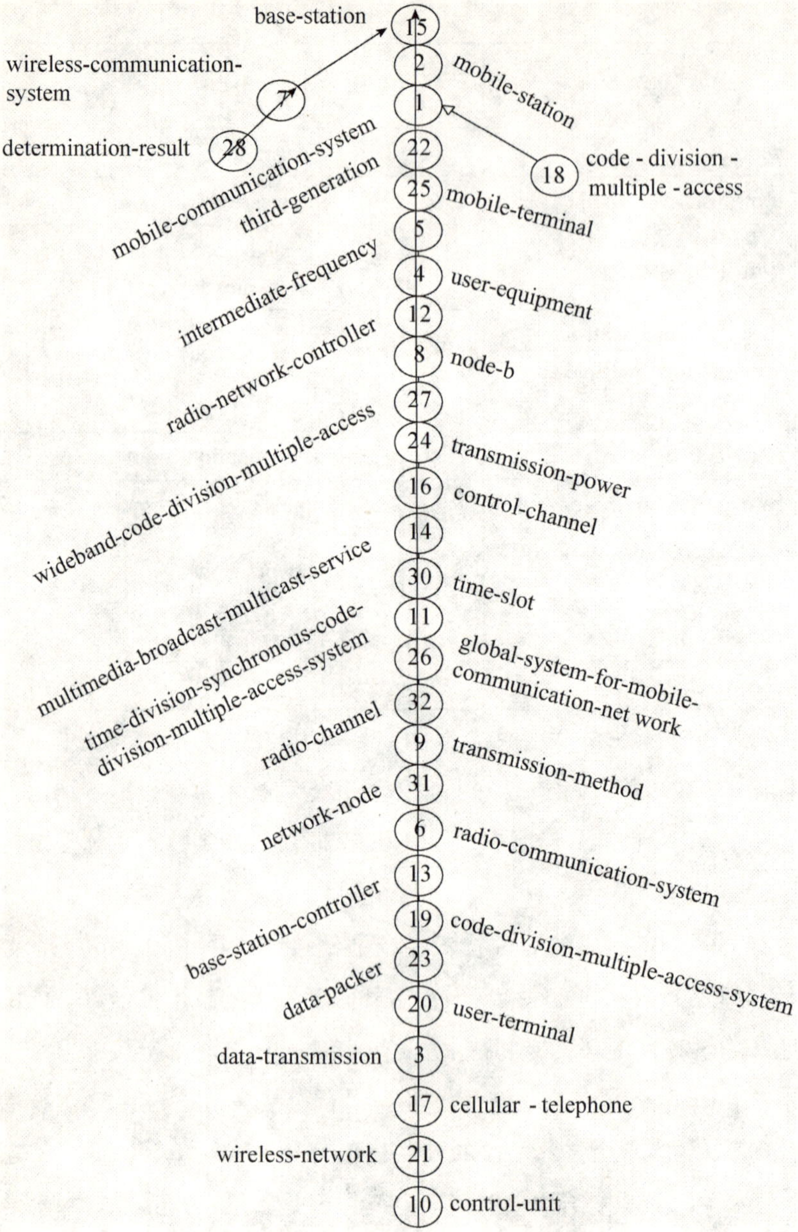


**图 5.4　2006—2007 时段专利技术主题强链接结构图**

**Fig. 5.4　Powerful links network of Patent technological topics in period 2006 to 2007**

链接强度相对较低。

在 2006—2007 时段的专利技术主题强链接结构图中，存在两条分支链路：一条分支链路是“code-division-multiple-access”（码分多址）通过主要链路中的关键技术术语“mobile-communication-system”（移动通信系统）链接在主要链路上。码分多址虽然与其他关键技术术语有共现关系，但一方面因为共现强度较低；另一方面又因为与其有共现关系的技术术语已经与其他关键技术术语确定了强链接，在剩下的技术术语中没有与其有共现关系的技术术语，按照分支路径的识别方法识别出，与其共现关系最强的技术术语就是“mobile-communication- system”（移动通信系统），表明在所有的关键技术术语中，二者的共现强度最大，关系最密切。依据移动通信的相关知识可知，码分多址是一种扩频多址数字式通信技术，是移动通信系统多址链接方式之一，也是移动通信技术的发展方向，因此国际电信联盟确定的 5 个 3G 标准中，CDMA 的 3 种技术标准（WCDMA、CDMA2000 和 TD-SCDMA）是主流标准。

另一条分支链路是“determination-result”（检测结果）、“wireless-communication- system”（无线通信系统）与根节点“base-station”（基站）链接在主要链路上。“determination- result”（检测结果）是 31 个技术术语中外联度值最小的，从语义来看，术语“检测结果”适合任何领域，当其在链路中与“无线通信系统”共现，就表征了该检测是移动通信系统中的检测，再与“基站”链接在主要链路中，表明这种检测是与基站有关的检测，主要是通过基站检测装置（如基站测试仪）自动测试基站的参数，可以分类储存测试结果。

## 五、2008—2010 时段的专利技术主题强链接

在 2008—2010 时段的技术术语共现矩阵（303×303）的基础上，按照专利技术主题强链接的识别步骤和方法，确定 2008—2010 时段 32 个最大外联度的技术术语（表 5.5），并生成共现矩阵（32×32）。

**表 5.5 2008—2010 时段最大外联度的技术术语**

**Tab. 5.5 Technological terms with the highest external link in period 2008 to 2010**

| 类号 | 最大外联度的技术术语 | 余弦指数 | 类号 | 最大外联度的技术术语 | 余弦指数 |
|---|---|---|---|---|---|
| 1 | user-equipment | 23.35 | 17 | radio-resource | 9.12 |
| 2 | data-transmission-method | 10.70 | 18 | uplink-data | 9.17 |
| 3 | mobile-management-entity | 9.63 | 19 | reporting-method | 6.01 |
| 4 | long-term-evolution-system | 14.55 | 20 | receiving-data | 8.95 |
| 5 | wireless-communication-system | 15.63 | 21 | node-b | 7.75 |
| 6 | mobile-communication-system | 13.85 | 22 | communication-network | 8.59 |
| 7 | wideband-code-division-multiple-access-system | 9.60 | 23 | cell-identifier | 9.30 |
| 8 | universal-mobile-telecommunication-system | 10.64 | 24 | communication-system | 11.02 |
| 9 | intermediate-frequency | 13.84 | 25 | channel-quality-indicator | 7.97 |
| 10 | third-generation-partnership-project | 11.69 | 26 | data-packet | 7.66 |
| 11 | performing-method | 10.40 | 27 | mobile-telephone | 9.14 |
| 12 | radio-network-controller | 9.12 | 28 | radio-communication-system | 6.00 |
| 13 | transmission-power | 9.96 | 29 | frequency-band | 9.83 |
| 14 | global-system-for-mobile-communication | 7.13 | 30 | maximum-value | 6.37 |
| 15 | mobile-terminal | 12.88 | 33 | relay-node | 5.68 |
| 16 | user-terminal | 11.19 | 34 | network-controller | 4.74 |

在 32×32 的外联度最大的技术术语共现矩阵中，依照专利技术主题强链接的识别方法和步骤，确定 32 个关键技术术语在专利技术主题强链接结构中的顺序和位置，并运用绘图软件绘制出 2008—2010 时段的专利技术主题强链接结构图（图 5.5)。

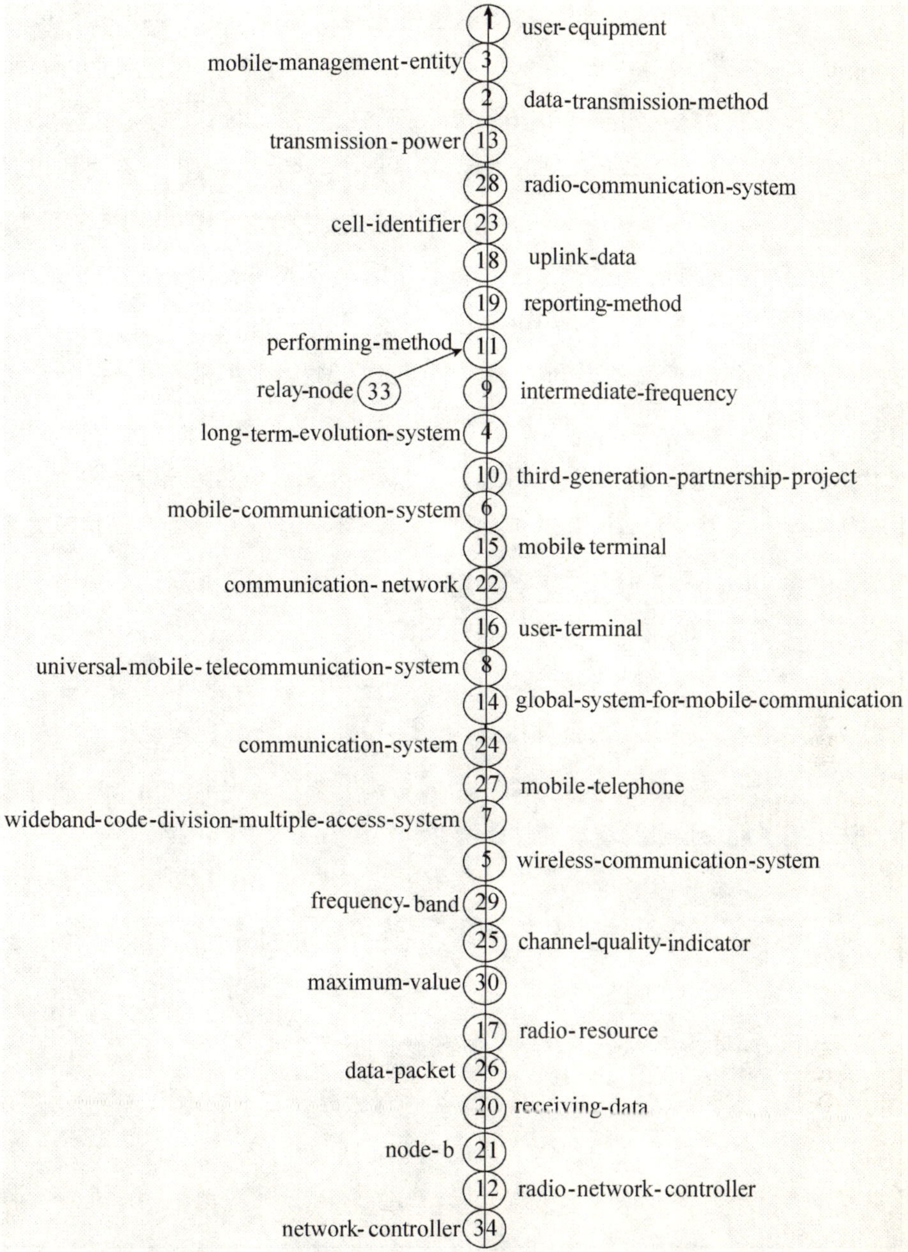


**图 5.5 2008—2010 时段专利技术主题强链接结构图**

**Fig. 5.5 Powerful links network of Patent technological topics in period 2008 to 2010**

在2008—2010时段的专利技术主题强链接结构图中，根节点是“user-equipment”（用户），是2008—2010时段所有技术术语中外联度最大的技术术语。梢节点是“network- controller”（网络控制器），是32个技术术语中外联度最小的技术术语，但这不是决定其是梢节点的根本原因，其之所以是该时段强链接结构中的梢节点，是因为与其他关键技术术语的共现强度较小。因为专利技术主题强链接是按照关键技术术语之间的共现强度，来确定技术术语在技术主题强链接结构中的顺序和位置的。

在2008—2010时段的专利技术主题强链接结构图中还存在一条分支链路，该链路是“relay-node”（中继节点）通过关键技术术语“performing-method”（执行方法）链接在主要链路上的。中继节点虽然与其他关键技术术语有共现关系，但一方面因为共现强度较低，另一方面因为与其有共现关系的技术术语，已经与其他关键技术术语形成强链接，在剩下的技术术语中没有与其有共现关系的技术术语，按照分支路径的识别方法识别出，与其共现关系最强的技术术语就是“performing-method”（执行方法），表明在所有的关键技术术语中，二者的共现强度最大，关系最密切。依据移动通信的相关知识可知，中继节点是协同通信系统中的系统资源，而中继节点的选择和执行方法决定了能否使通信系统的性能增益。

## 第三节　专利技术主题强链接的分析结果比较

### 一、四个时段专利技术主题强链接的比较

专利技术主题强链接结构是通过聚类中最大外联度的技术术语来揭示的，比较不同时段最大外联度的技术术语的变化，可以分析出哪些专利技术主题强链接是在哪个时段新出现的，哪些强链接是由前一个时段继承下来的。通过比较专利技术主题强链接结构，可以分析新出现的专利技术主题强链接的形成，以及外联度值；原有的专利技术主题在下一个时段的强链接的变化，以及外联度值的变化；在四个时段一直存在的专利技术主题强链接的变化，

以及外联度值的变化。

表 5.6 显示了四个时段的专利技术主题强链接结构中相同的技术术语，在相应时段外联度值的变化：在 1994—2003 时段与 2004—2005 时段的专利技术主题强链接结构中，有 9 个关键技术术语相同，但外联度值却不同，有 7 个技术术语在后一个时段的外联度值下降，有 2 个技术术语在后一个时段的外联度值增大；在 2004—2005 时段与 2006—2007 时段的专利技术主题强链接结构中，有 12 个关键技术术语相同，其中有 11 个技术术语在后一个时段的外联度值增大，只有 1 个技术术语在后一个时段的外联度值下降；在 2006—2007 时段与 2008—2010 时段的专利技术主题强链接结构中，有 11 个关键技术术语相同，其中有 8 个技术术语在后一个时段的外联度值增大，有 3 个技术术语在后一个时段的外联度值下降。“wireless- communication-system（无线通信系统）和 data-packet（数据包）”这两个技术术语在 2008—2010 时段的外联度值都有所增大，但这两个技术术语曾在 1994—2003 时段的专利技术主题强链接结构的关键技术术语中出现，而在 2004—2005 时段这两个技术术语的外联度却不是最大，表征在 2004— 2005 时段它们的外部链接能力在其所在的专利技术主题中较低。

**表 5.6 四个时段技术主题强链接结构中的相同技术术语**

**Tab. 5.6 Common technological terms in Powerful links of four times**

| 技术术语 | （1） | （2） | （3） | （4） |
|---|---|---|---|---|
| code-division-multiple-access | 15.36 | 8.99 | 7.87 | — |
| radio-communication-system | 13.13 | 5 | 7.56 | 6 |
| cellular-telephone | 9.38 | 5.49 | 6.68 | — |
| wideband-code-division-multiple-access-system | 15.28 | 9.02 | | — |
| user-data | 9.71 | 5.86 | — | — |
| radio-link | 7.48 | 5.59 | — | — |
| radio-network-controller | 7.06 | 10.24 | 11.91 | 9.12 |
| mobile-communication-terminal | 9.39 | 5.52 | — | — |

续表

| 技术术语 | (1) | (2) | (3) | (4) |
|---|---|---|---|---|
| user-terminal | 3.78 | 5.62 | 8.64 | 11.19 |
| data-transmission | — | 6.37 | 6.86 | — |
| user-equipment | — | 12.11 | 14.57 | 23.35 |
| node-b | — | 8.46 | 9.66 | 7.75 |
| base-station | — | 13.68 | 16.57 | — |
| wireless-network | — | 5.62 | 6.89 | — |
| third-generation | — | 6.47 | 9.89 | — |
| time-slot | — | 6.89 | 7.99 | — |
| wireless-communication-system | 12.05 | — | 10.04 | 15.63 |
| mobile-communication-system | — | — | 12.57 | 13.85 |
| intermediate-frequency | — | — | 12.21 | 13.84 |
| transmission-power | — | — | 7.96 | 9.96 |
| mobile-terminal | — | — | 11.23 | 12.88 |
| data-packet | 12.71 | — | 5.91 | 7.66 |

注：(1)：1994—2003；(2)：2004—2005；(3)：2006—2007；(4)：2008—2010。表中的数值表示相同的技术术语在相应时段的专利技术主题中最大外联度的技术术语的外联度值；“—”表示在相应时段的专利技术主题中该技术术语的外联度不是最大。

在四个时段中始终是其所在的专利技术主题中外部链接能力最大的技术术语只有两个，即“user-terminal（用户终端）和 radio-network-controller（无线网络控制器）”。但每个时段的外联度值有所不同：“user-terminal”（用户终端）的外联度值由低到高，表征该技术术语在四个时段的专利技术主题中的外部链接能力不断增强，揭示了该技术术语是四个时段的专利技术主题强链接结构中的关键技术术语，同时也显示出其在技术术语共现网络中的重要性；“radio-network-controller”（无线网络控制器）的外联度值呈“低—高—低”的变化状态，表征该技术术语的外部链接能力由弱到强，又由强到弱，揭示了该技术术语虽然是专利技术主题强链接结构中的关键技术术语，但是其在技术术语共现网络中的重要性不稳定。

## 二、各时段与整个时段专利技术主题强链接的比较

与整个时段比较，可以确定在整个时段中专利技术主题强链接都是在哪个时段形成的，以及在形成时段外联度值的大小，在后一时段的继承及其变化情况。

比较结果显示：在 1994—2010 时段的 50 个外联度最大的技术术语中，有 16 个技术术语在四个时段的专利技术主题中的外联度都不是最大，表征这 16 个技术术语只是在整个时段的专利技术主题中其外部链接能力较强，但是在每个时段的专利技术主题中其外部链接较弱。有 34 个技术术语在相应时段的外联度值最大（表 5.7），表征这 34 个技术术语不单是整个时段的专利技术主题中外部链接能力较强的技术术语，也是某时段的专利技术主题中外部链接能力较强的技术术语。其中有两个技术术语在每个时段的外联度都是最大，它们分别是“user- terminal（用户终端）和 radio-network-controller（无线网络控制器）”。但每个时段的外联度值有所不同：“user-terminal”（用户终端）的外联度值由低到高，表征该技术术语在每个时段的外部链接能力逐渐增强，显示出其在四个时段的专利技术主题强链接结构中的重要性，也揭示出该技术术语在整个时段技术术语共现网络中的重要性；“radio-network-controller”（无线网络控制器）的外联度值中间的两个时段高，两端的两个时段低，表征该技术术语在前三个时段的专利技术主题中外部链接能力逐渐增强，而到第四个时段有所下降，表征该技术术语虽然仍是整个时段技术术语共现网络中重要的技术术语，但其重要性和外部链接能力在 2008—2010 时段有所下降。

**表 5.7　1994—2010 时段技术主题强链接结构中的关键技术术语**

**Tab. 5.7　Key technological terms in Powerful links of Patent technological topics from 1994 to 2010**

| 技术术语 | (0) | (1) | (2) | (3) | (4) |
|---|---|---|---|---|---|
| user-equipment | 27.79 | — | 12.11 | 14.57 | 23.35 |
| base-station | 28.17 | — | 13.68 | 16.57 | — |

续表

| 技术术语 | (0) | (1) | (2) | (3) | (4) |
|---|---|---|---|---|---|
| mobile-communication-system | 22.33 | — | — | 12.57 | 13.85 |
| third-generation | 15.46 | — | 6.47 | 9.89 | — |
| access-network | 14.56 | — | 5.81 | — | — |
| wireless-communication-system | 20.83 | 12.05 | — | 10.04 | 15.63 |
| transmission-power | 17.51 | — | — | 7.96 | 9.96 |
| radio-link | 17.79 | 7.48 | 5.59 | — | — |
| user-terminal | 17.54 | 3.78 | 5.62 | 8.64 | 11.19 |
| universal-mobile-telecommunication-system | 18.55 | — | 9.91 | — | 10.64 |
| control-channel | 19.41 | 9.06 | — | 8.28 | — |
| mobile-station | 21.00 | — | — | 10.9 | — |
| long-term-evolution-system | 16.18 | — | — | — | 14.55 |
| uplink-data | 10.43 | — | — | — | 9.17 |
| frequency-band | 15.01 | — | — | — | 9.83 |
| intermediate-frequency | 21.75 | — | — | 12.21 | 13.84 |
| control-unit | 14.29 | — | — | 6.72 | — |
| threshold-value | 16.77 | 15.21 | — | — | — |
| radio-resource | 15.52 | — | — | — | 9.12 |
| determination-result | 11.10 | — | — | 2.29 | — |
| cellular-telephone | 14.66 | 9.38 | 5.49 | 6.68 | — |
| radio-network-controller | 17.86 | 7.06 | 10.24 | 11.91 | 9.12 |
| mobile-communication-device | 11.57 | 2.72 | — | — | — |
| data-transmission | 17.11 | — | 6.37 | 6.86 | — |
| receiving-data | 16.88 | — | 6.74 | — | 8.95 |
| performing-method | 15.01 | — | — | — | 10.4 |
| mobile-telephone | 17.04 | 11.33 | — | — | 9.14 |
| network-node | 12.09 | — | — | 4.24 | — |

续表

| 技术术语 | (0) | (1) | (2) | (3) | (4) |
| --- | --- | --- | --- | --- | --- |
| processing-unit | 13.58 | — | 2.27 | — | — |
| transmission-rate | 10.70 | 9.43 | — | — | — |
| cellular-network | 10.78 | — | 5.83 | — | — |
| communication-network | 14.22 | — | — | — | 8.59 |
| rake-receiver | 2.85 | 5.03 | — | — | — |

注：(0)：1994—2010；(1)：1994—2003；(2)：2004—2005；(3)：2006—2007；(4)：2008—2010。表中的数值表示在相应时段的专利技术主题中外联度最大的技术术语的外联度值。“—”表示该技术术语的外联度值在该时段其所在的专利技术主题中外联度值不是最大。

把最大外联度的技术术语与专利技术主题的主题词进行比较，发现：专利技术主题中外联度最大的技术术语一般不是专利技术主题的主题词，只有极少数的专利技术主题中外联度最大的技术术语与专利技术主题的主题词是一致的（表 5.8）：1994—2010 时段有 9 个专利技术主题（9/50），1994—2003 时段有 4 个专利技术主题（4/28），2004—2005 时段有 7 个专利技术主题（7/32），2006—2007 时段有 4 个专利技术主题（4/31），2008—2010 时段有 2 个专利技术主题（2/32）。

**表 5.8 各时段最大外联度的专利技术主题的主题词**

**Tab. 5.8 Technological terms with the highest external link of Patent technological topics**

| 时段 | 最大外联度的专利技术主题的主题词 |
| --- | --- |
| 1994—2010 | mobile-station；radio-network-controller；data-transmission；time-interval；power-amplifier；internet-protocol-network；receiving-data-packet；communication-channel；rake-receiver |
| 1994—2003 | wireless-terminal；radio-network-controller；wireless-device；mobile-radio-communication-system |
| 2004—2005 | base-station；data-transmission；data-service；processing-unit；specific-cell；data-unit；communication-terminal |
| 2006—2007 | base-station-controller；user-terminal；network-node；radio-channel |
| 2008—2010 | network-controller；relay-node |

结果还显示，①1994—2003 时段的外联度最大的专利技术主题的主题词

"radio- network-controller"（无线网络控制器），虽然在以后的三个时段都不是主题词，但仍是其所在的专利技术主题中外联度最大的技术术语。②2004—2005 时段的外联度最大的专利技术主题的主题词"base-station"（基站）和"data-transmission"（数据传输），在 2006—2007 时段仍是其所在的专利技术主题中外联度最大的技术术语，但不是该专利技术主题的主题词。③2006—2007 时段的外联度最大的专利技术主题的主题词"user- terminal"（用户终端），在 2008—2010 时段仍是其所在的专利技术主题中外联度最大的技术术语，但不是该专利技术主题的主题词。

专利技术主题的主题词表征了该专利技术主题的内容和方向，与主题词链接强度最强的技术术语进入该专利技术主题，因此主题词是专利技术主题的核心，但其外联度不一定最大。如果一个专利技术主题中外联度最大的技术术语就是主题词，表明该专利技术主题的纳新能力较强，动态来看，如果一个专利技术主题的主题词在每个时段中，都是其所在的专利技术主题中外联度最大的技术术语，则其专利技术主题的成员构成会不断更新和变化。如果仅是在前一时段的某个专利技术主题中，外联度最大的技术术语是专利技术主题的主题词，而在后几个时段中，仍是外联度最大的技术术语，但不是专利技术主题的主题词，则表明其所在的专利技术主题是新生成的专利技术主题。如果在后几个时段既不是外联度最大的技术术语，也不是专利技术主题的主题词，则表明该技术术语的核心地位和纳新能力已经下降，不再代表专利技术主题的内容和方向。

## 第四节　专利技术主题强链接结构对技术发展的启示

本章通过对专利技术主题强链接结构的静态和动态分析，仅是从最强链接的角度展示了专利技术主题的关联关系和链接强度，虽不能代表专利技术主题链接全貌，但能够客观揭示专利技术主题间的强链接结构和交叉融合趋势。尤其是新兴专利技术主题的发展趋势，其能否成为核心专利技术主题，在增强其内部链接强度的同时，也要增强其外部链接强度，否则可能因为内部链接强度的减弱而被解散，甚至引起专利技术主题的消失。

专利技术主题强链接，是专利技术主题间的关联关系的骨干链接，是通过各专利技术主题内部的外联度最大的技术术语来表征的，外联度最大表明该技术术语对其他技术术语的吸引能力较强，因而其所在的专利技术主题的更新能力较强。专利技术主题强链接结构可以表征两个专利技术主题间的亲疏关系，如果两个专利技术主题在强链接结构中相邻，则表明这两个专利技术主题间的链接最强，关系最密切，代表了技术发展的重点和方向以及未来发展趋势，如 CDMA 与无线通信系统、蜂窝手机与移动通信设备、WCDMA 系统与无线装置、无线通信系统与无线网络控制器等。在强链接结构图中，相邻的专利技术主题会因为链接强度的增强融合为一个新的技术主题，如 WCDMA 系统与移动通信终端融合为中国联通移动公司的终端产品，CDMA2000 系统与移动通信终端融合为中国电信移动通信公司的终端产品，TD-SCDMA 与移动通信终端融合为中国移动通信公司的终端产品。也会因为链接强度的变化，改变其在强链接结构中的顺序和位置，如 CDMA 在 1994—2003 时段和 2004—2005 时段均在主干路径上，而在 2006—2007 时段变为分支路径，在 2008—2010 时段根本没有在强链接结构中出现；更会因为关键的技术术语的链接强度的变化，形成新的研究内容和方向，如 WCDMA、CDMA2000 和 TD-SCDMA 三大标准。专利技术主题强链接结构不同时段的比较，展示了同一个技术术语在专利技术主题强链接结构中不同时段的重要性，以及在不同时段该技术术语的外部链接能力。整个时段的专利技术主题强链接结构与不同时段的专利技术主题强链接结构的比较，展示了整个时段的专利技术主题强链接结构中的关键技术术语在不同时段的链接能力的动态变化。

如果最大外联度的技术术语是该专利技术主题的主题词，那么会因为与其共现强度的增强被吸入该专利技术主题，更新专利技术主题的内容；被吸入的技术术语如果是其他专利技术主题的主题词，会导致其所在的专利技术主题重新组合或者解散、消失；如果只是其他专利技术主题中的一般构成成员，对其所在的专利技术主题的影响不大。如果最大外联度的技术术语只是该专利技术主题的一般构成成员，那么会因为与其他专利技术主题的主题词的共现强度的增强而被吸到其他专利技术主题中，其所在的原专利技术主题的构成，以及新加入的专利技术主题的构成会发生改变。但新旧的专利技术主题的核心一般不会改变。分析结果显示，多数的外联度最大的技术术语不是专利技术主题的主题词，这就预示着在下一个发展阶段，专利技术主题的构成和内容的转换频率较高，技术术语在专利技术主题间的游离和重组活跃度较高，从而会形成表征新的研究内容和方向的专利技术主题。

专利技术主题强链接结构的动态分析，向我们展示了一个技术领域的专利技术主题强链接结构中关键技术术语的外部链接能力的动态变化：四个时段中只有用户终端和无线网络控制器一直保持较高的链接强度，但外联度最大的专利技术主题的中心主题词，在各时段不具有连续性，这表明了研发主题的阶段性和周期性。因此可以依据某一领域的专利文献数据，对其进行专利技术主题关联关系的分析，展示该领域的整个研究时段专利技术主题关联关系的变化，继而揭示专利技术主题之间的关系强弱，以及在不同时段同一个专利技术主题与其他专利技术主题的关联关系的产生、增强、减弱，甚至消失等。通过专利技术主题强链接的识别，确定专利技术主题强链接结构的主要链路和分支链路，识别出专利技术主题之间形成链接的关键技术术语，以及这些关键技术术语在不同时段外部链接能力的变化，继而揭示与某一专利技术主题具有强链接的专利技术主题，了解和掌握技术发展和交叉融合的方向和重点。

在专利技术主题强链接结构中，因为新的专利技术主题的加入，一方面增强了链接强度，另一方面使专利技术主题之间的强链接发生改变，基本表明了专利技术主题发展的周期性、互联性和预见性。钱学森教授在《论技术科学》一文中[120]对技术问题的认识功能和对新技术的预见功能进行了阐述："通过技术解释和技术诊断，可能从已知技术现象中发现其中未知的潜在技术问题重新加以认识，使解释功能变为认识功能，这往往成为理论创新的新起点。技术预测功能是指预测技术发展趋势与方向，预见可能创造的人工自然过程与新技术，由预见功能还可以引申出技术发明功能，即技术原理通过设计等创造活动直接转化为人工自然过程与人工自然物，提供技术发明的思路。”依据技术的解释和认识功能来对专利技术主题加以解释和认识，为理论创新创造条件；同时依据技术预测功能对专利技术主题的未来发展趋势与方向进行预测，为技术发明和技术创造提供思路。

因此随着 3G 研发的不断深入和专利技术主题的不断更新，专利技术主题之间的关联关系越来越复杂，专利技术主题之间的关联强度会越来越强，专利技术主题之间的强链接越来越多。尤其是 4G 或下一代通信技术的研发，在 3G 专利技术主题的基础上会产生更多新的专利技术主题，并形成专利技术主题间的新链接。因此，在实际研发中，要依据技术主题发展的周期性、互联性和预见性，重点关注强链接的两个专利技术主题之间的交叉或融合，预测未来技术发展趋势。

# 第六章　中国 TD-SCDMA 通信标准的实证研究

## 第一节　案例选择、数据来源

### 一、案例选择

第三代移动通信技术（3G）自 2000 年 5 月国际电信联盟提出并规定具体要求后，获得了广泛的研究和关注，最后形成了三大技术标准，即 WCDMA、CDMA2000 和 TD-SCDMA，其中的 TD-SCDMA 是由中国大唐电信研发的移动通信技术标准，该标准的制定和提出，充分表明我国在移动通信技术领域已经赶超主要发达国家，但也要承认，与美国、韩国、日本和欧盟来比，还存在很大差距。综观三大主流标准，CDMA2000 和 WCDMA 是以成熟的二代 CDMA/FDD 技术为基础发展的，具有强大的研发及产业化优势，其主要优势在于第二代的成功运营经验和高度的市场认知度，在技术上较 TD-SCDMA 成熟，且 FDD 技术在满足终端高速移动方面优势明显，其缺点是由于采用 5MHz 标称射频带宽，频谱利用率及抗干扰能力较 TD-SCDMA 低，设备成本较高。

TD-SCDMA 作为一种 TDD 方式的 3G 标准的主要优势在于采用了 1.7MHz 射频带宽，通过采用 TDMA+CDMA 方式，实现了时隙码复用，提高系统容量，频谱利用率高，设备成本低，并可适时分配上下行时隙，特别适合于非对称业务传输。其缺点是系统同步要求较高，终端移动速度受限，但结合智能天线、联合检测等技术，技术成熟性会有所提高。数据显示，截至 2010 年年底，全球部分国家和地区的 57 家主导移动运营商 3G 制式的选择中，有 41 家运营商选用 WCDMA 制式，仅有中国移动和韩国的 SKT 两个运营商选用 TD-SCDMA 制式，因此，本章以 TD-SCDMA 为案例，运用共词聚类分析和战略坐标分析等方法，动态分析 TD-SCDMA 技术主题和技术研发路径等，从而找出与 3G 技术标准的共性和差别，对 TD-SCDMA 的技术发展前景进行分析和预测，并提出 TD-SCDMA 专利竞争战略。

### 二、数据来源

从德温特专利数据库检索页面上以"TD-SCDMA OR TDS-CDMA OR TD SCDMA OR TIME DIVISION SYNCHRONOUS CODE DIVISION MULTIPLE ACCESS"为主题进行检索，检索到 2581 条相关专利文献（截止时间：2010 年 12 月 31 日）。利用文本文件合并器和文本文件的替换，对不规范的技术术语进行统一规范处理，如连字符"-"的使用、单复数的统一、缩写词统一改为全称、同义或近义术语的替换等，从而保证技术术语的抽取的准确性。同时为了比较不同时段的技术主题或技术术语的更替变化，并要保证每两个样本具有可比性，根据专利文献的年度统计，将全部数据按照年份分为四个时段，即 1992—2003、2004—2005、2006—2007、2008—2010 四个时段。利用陈超美博士研发的 CiteSpace 软件从专利标题和摘要中抽取技术术语，设定阈值为（10，0，15），（10，0，15），（10，0，15），分别按照四个时段生成技术术语的共现矩阵，运用共词聚类分析和战略坐标分析，展示 TD-SCDMA 的技术主题的研发态势，并根据最大外联度指标探寻 TD-SCDMA 的技术研发路径。

## 第二节 TD-SCDMA 的技术结构

### 一、TD-SCDMA 的专利统计

#### 1. 专利申请量年度分布

在 DII 数据库中检索到的 2581 条专利文献的年度分布（图 6.1）显示，1997 年以前专利申请量较低，均不超过 10 件，1997—2003 时段专利申请量有所增加，但增加幅度不大，2000 年、2001 年和 2003 年的增幅较大。自 2004 年开始迅速增加，2006 年增幅最大，2007 年达到峰值，但自 2008 年以来专利申请量开始降低，这种现象基本与 3G 的专利申请量的整体变化趋势一

致，表明 TD-SCDMA 的研发和 3G 的研发整体趋势是完全一致的。

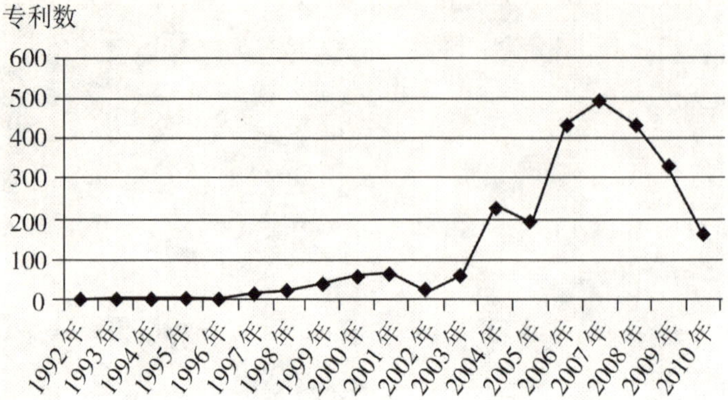


**图 6.1　TD-SCDMA 专利申请量年度分布**

**Fig. 6.1　Annual distribution of TD-SCDMA patent filings**

### 2. 专利权人

专利权人是专利权的所有人及持有人的统称，但由于许多国际跨国公司有很多子公司以及收购来的公司，所以专利权人名称统计无法比较该公司的专利状况，这里采用 DII 数据库中的专利权人代码来统计各公司的专利状况。在表 6.1 中专利权人代码的前 25 位的排序中，ZTEC-C（中兴）、QCOM-C（高通）、BEIJ-N、IDIG-C、TELF-C（爱立信）分别列前 5 位。其他国际通信领域的著名公司的排名为：三星排在第 10 位；松下电器排在第 13 位；西门子排在第 14 位；大唐排在第 15 位；高士达排在第 19 位；日本电气排在第 22 位；华为排在第 24 位；摩托罗拉排在第 25 位。充分表明我国在 TD-SCDMA 的专利申请量上，已经赶超国际大公司。

**表 6.1　TD-SCDMA 专利的专利权人统计**

**Tab. 6.1　The Patentee statistics of TD-SCDMA patent**

| 序号 | 专利权人代码 | 专利数量 | 百分比（%） | 序号 | 专利权人代码 | 专利数量 | 百分比（%） |
|---|---|---|---|---|---|---|---|
| 1 | ZTEC-C | 377 | 13.88 | 14 | SIEI-C | 43 | 1.58 |
| 2 | QCOM-C | 126 | 4.64 | 15 | DATA-N | 42 | 1.55 |
| 3 | BEIJ-N | 114 | 4.20 | 16 | OYNO-C | 40 | 1.47 |

续表

| 序号 | 专利权人代码 | 专利数量 | 百分比（%） | 序号 | 专利权人代码 | 专利数量 | 百分比（%） |
|---|---|---|---|---|---|---|---|
| 4 | IDIG-C | 114 | 4.20 | 17 | ZHAN-N | 39 | 1.44 |
| 5 | TELF-C | 76 | 2.80 | 18 | ZHEJ-N | 39 | 1.44 |
| 6 | DTCO-C | 68 | 2.50 | 19 | GLDS-C | 38 | 1.40 |
| 7 | SHAN-N | 61 | 2.25 | 20 | JING-N | 36 | 1.33 |
| 8 | SPRE-N | 60 | 2.21 | 21 | SHEN-N | 34 | 1.25 |
| 9 | JPHO-N | 57 | 2.10 | 22 | NIDE-C | 33 | 1.22 |
| 10 | SMSU-C | 57 | 2.10 | 23 | CHON-N | 32 | 1.18 |
| 11 | INTE-N | 48 | 1.77 | 24 | HUAW-C | 31 | 1.14 |
| 12 | PHIG-C | 45 | 1.66 | 25 | MOTI-C | 29 | 1.07 |
| 13 | MATU-C | 43 | 1.58 | | | | |

### 3. IPC 分类代码

国际专利分类（IPC）是一种国际公认的专利分类系统，将发明和实用新型专利文献按照分类号编排，如 H04（Electric communication technique），电通信技术的专利都编排在 H04 中。在 TD-SCDMA 技术专利文献中，IPC 排位前 25 位（表 6.2）中，主要集中在 H04B（传输装置，有 8 个代码）、H04Q（选择，有 6 个代码）、H04W（无线通信网络，有 4 个代码）、H04L（数字信息的传输，有 4 个代码）、H04J（多路复用通信，有 3 个代码）5 个领域中。其中，H04B-007/26（至少其中之一是移动的）、H04B-001/707（利用直接序列调制）、H04Q-007/38（移动用户完成通话的安排）、H04J-013/02（利用扩频技术）、H04B-007/005（传输控制平衡）分列前 5 位。

**表 6.2 TD-SCDMA 专利的 IPC、德温特代码统计**

**Tab. 6.2 The IPC, Derwent manual codes of TD-SCDMA patent**

| 序号 | IPC 分类号 | 专利数量 | 百分比（%） | 德温特手工代码 | 专利数量 | 百分比（%） | 德温特分类代码 | 专利数量 | 百分比（%） |
|---|---|---|---|---|---|---|---|---|---|
| 1 | H04B-007/26 | 695 | 25.59 | W02-C03C1G | 851 | 31.33 | W02 | 2286 | 84.17 |
| 2 | H04B-001/707 | 517 | 19.04 | W01-B05A1A | 703 | 25.88 | W01 | 2038 | 75.04 |
| 3 | H04Q-007/38 | 399 | 14.69 | W02-K05A7 | 625 | 23.01 | T01 | 756 | 27.84 |

续表

| 序号 | IPC分类号 | 专利数量 | 百分比（%） | 德温特手工代码 | 专利数量 | 百分比（%） | 德温特分类代码 | 专利数量 | 百分比（%） |
|---|---|---|---|---|---|---|---|---|---|
| 4 | H04J-013/02 | 216 | 7.95 | W01-A06C4 | 412 | 15.17 | W06 | 95 | 3.50 |
| 5 | H04B-007/005 | 210 | 7.73 | W01-A04A2 | 389 | 14.32 | U22 | 67 | 2.47 |
| 6 | H04Q-007/32 | 210 | 7.73 | W01-C01D3C | 348 | 12.81 | U24 | 66 | 2.43 |
| 7 | H04B-007/216 | 200 | 7.36 | W02-K05B1 | 325 | 11.97 | T04 | 62 | 2.28 |
| 8 | H04W-088/00 | 157 | 5.78 | W02-C03C1A | 288 | 10.60 | W05 | 61 | 2.25 |
| 9 | H04J-013/00 | 156 | 5.74 | W01-B05A | 239 | 8.80 | W03 | 48 | 1.77 |
| 10 | H04B-007/204 | 153 | 5.63 | W02-K05B7 | 205 | 7.55 | W04 | 43 | 1.58 |
| 11 | H04L-007/00 | 151 | 5.56 | W02-C03C1B | 187 | 6.89 | U21 | 39 | 1.44 |
| 12 | H04Q-007/20 | 150 | 5.52 | T01-C03C | 177 | 6.52 | U23 | 39 | 1.44 |
| 13 | H04J-003/06 | 138 | 5.08 | T01-S03 | 171 | 6.30 | X22 | 38 | 1.40 |
| 14 | H04B-017/00 | 119 | 4.38 | W02-K02 | 166 | 6.11 | U25 | 24 | 0.88 |
| 15 | H04Q-007/36 | 118 | 4.34 | W02-K05B3 | 148 | 5.45 | V04 | 24 | 0.88 |
| 16 | H04W-056/00 | 115 | 4.23 | W02-C03C | 147 | 5.41 | S02 | 19 | 0.70 |
| 17 | H04Q-007/22 | 104 | 3.83 | W02-C03C1C | 134 | 4.93 | A85 | 18 | 0.66 |
| 18 | H04W-072/00 | 103 | 3.79 | W01-A03B | 128 | 4.71 | U14 | 18 | 0.66 |
| 19 | H04W-024/00 | 102 | 3.76 | W02-C03E3 | 124 | 4.57 | T05 | 17 | 0.63 |
| 20 | H04L-027/26 | 101 | 3.72 | T01-N02A3 | 122 | 4.49 | V07 | 17 | 0.63 |
| 21 | H04Q-007/34 | 100 | 3.68 | W02-K02A | 122 | 4.49 | S01 | 16 | 0.59 |
| 22 | H04B-001/69 | 99 | 3.65 | W01-A06G2 | 119 | 4.38 | T06 | 14 | 0.52 |
| 23 | H04L-012/56 | 87 | 3.20 | W01-C05B3J | 111 | 4.09 | V06 | 12 | 0.44 |
| 24 | H04L-001/00 | 84 | 3.09 | W02-K05 | 97 | 3.57 | S04 | 9 | 0.33 |
| 25 | H04B-007/00 | 76 | 2.80 | T01-C07C3 | 91 | 3.35 | P85 | 8 | 0.29 |

**4. 德温特代码**

Derwent采用适用于所有技术的简单分类系统对专利文献进行分类，德温特分类是对专利文献进行分类比较独特的分类方法。按照德温特分类代码的排序，在前25位（表6.2）中，W02、W01、T01、W06和U22分别是前5位。从专利申请量上来看，专利申请主要集中在W02（电话和数据传输系统）、W01（广播、无线和有线传输系统）和T01（数字计算机）3个代码中。

德温特手工代码是由德温特的专业人员为专利标引的代码。按照德温特手工代码的排序，前25位（表6.2）中W02-C03C1G（第三代和类似的移动电话系统）、W01-B05A1A（移动电话）、W02-K05A7（直接序列扩频）、W01-A06C4（无线链路）、W01-A04A2分别是前5位。

## 二、TD-SCDMA技术主题的技术结构

在CiteSpace软件设置界面进行相应设置并运行软件程序，共抽取了420个高频技术术语，生成420×420的技术术语共现矩阵。按照卡龙的聚类原则和方法，共划分出59个聚类，其中有9个聚类只由两个技术术语组成，不能真实反映出聚类的各计量指标，因此，将排除这9个聚类后的50个聚类作为本节的分析对象。

### 1. TD-SCDMA技术主题的新颖度和关注度

按照新颖度和关注度的定义和公式，分别计算出1992—2010时段的50个聚类的新颖度和关注度，以关注度指标为横轴、新颖度指标为纵轴，绘制1992—2010时段技术主题的坐标分布图（图6.2）。

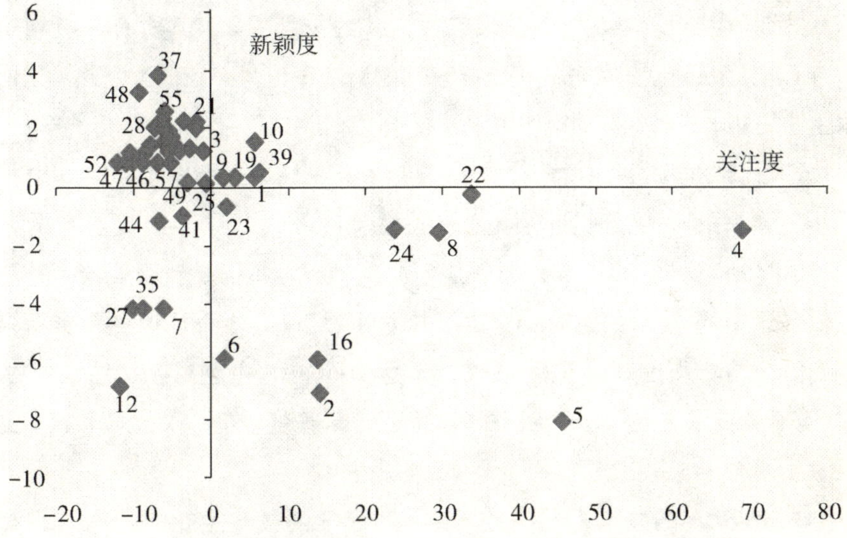


图6.2 1992—2010时段TD-SCDMA技术主题坐标分布图（1）

Fig. 6.2 Strategic coordinate of TD-SCDMA technological topics from 1992 to 2010 (1)

以新颖度指标来度量，有 35 个聚类的新颖度值大于零，表明 TD-SCDMA 的研发时间比较晚，420 个技术术语的共现年度平均值为 2005.175，因此说，这 35 个技术主题都是至少在 2005 年才开始形成，并进行相关研究的。其中新颖度最高的技术主题是“数据的传输和信道”（聚类号为 37），构成该技术主题的 5 个技术术语均是在 2009 年达到阈值并共现的；其次是“WCDMA 的移动切换控制”（聚类号为 48），构成该技术主题的 5 个技术术语均是在 2008 年以后达到阈值并有共现关系的。正是因为构成这两个技术主题的技术术语出现共现关系的时间较晚，势必造成这两个技术主题的关注度不高。因此，在战略坐标图中，这两个技术主题均位于第二象限，属于“次级技术主题”的范畴，随着关注度的提高和增强，将会向第一象限运动，成为“核心技术主题”。

以关注度指标来度量，有 14 个聚类的关注度值大于零，表明 TD-SCDMA 的关注程度较高的技术主题较少，不足 1/3；多数技术主题没有得到广泛的关注，研发前景比较可观。其中关注度最高的技术主题是“TD-SCDMA 的传输信道”（聚类号为 4），其次是“同步码分多址接入系统的移动台和基站”（聚类号为 5）。这两个技术主题关注度都很高，构成这两个技术主题的技术术语达到阈值并共现的时间较早，尤其是聚类号为 5 的技术主题，其所有成员均是在 2000 年以前达到阈值并共现的，这样它们的新颖度值势必较低。因此，这两个技术主题均处于战略坐标的第四象限，属于“基础技术主题”的范畴。

以综合新颖度和关注度两个指标来度量，在战略坐标图中，有 5 个技术主题居于第一象限，特征是新颖度和关注度都较高，这 5 个技术主题属于“核心技术主题”；有 30 个技术主题居于第二象限，特征是新颖度较高和关注度较低，这 30 个技术主题属于“次级技术主题”；有 6 个技术主题居于第三象限，特征是新颖度和关注度都较低，这 6 个技术主题属于“边缘技术主题”；有 9 个技术主题居于第四象限，特征是新颖度较低、关注度较高，这 9 个技术主题属于“基础技术主题”。

TD-SCDMA 的技术主题的技术结构与 3G 的技术主题的技术结构相比较，不考虑只有两个技术术语的技术主题，都有 50 个技术主题，但是从技术主题的象限分布来看，在核心技术主题、次级技术主题、边缘技术主题和基础技术主题的数量上存在一定的差别：3G 的四类技术主题分别为 6、20、17、7，TD-SCDMA 的四类技术主题分别为 5、30、6、9。TD-SCDMA 与 3G 的核心和基础技术主题的数量基本一致，但是次级技术主题 TD-SCDMA 的数量较多，表明 TD-SCDMA 新兴的研究主题较多，边缘技术主题 3G 的数量较多，表明 3G 中的一些研究主题开始被边缘化，而 TD-SCDMA 的研发较晚，所以被边缘化的内容较少。

**2. TD-SCDMA 技术主题的外联度和内联度**

按照外联度和内联度的定义和公式，分别计算出 1992—2010 整个时段的 50 个聚类的外联度值和内联度值，以外联度为横轴、内联度为纵轴，以外联度的均值和内联度的均值为坐标原点，绘制出 TD-SCDMA 的技术主题坐标分布图（图 6.3）。

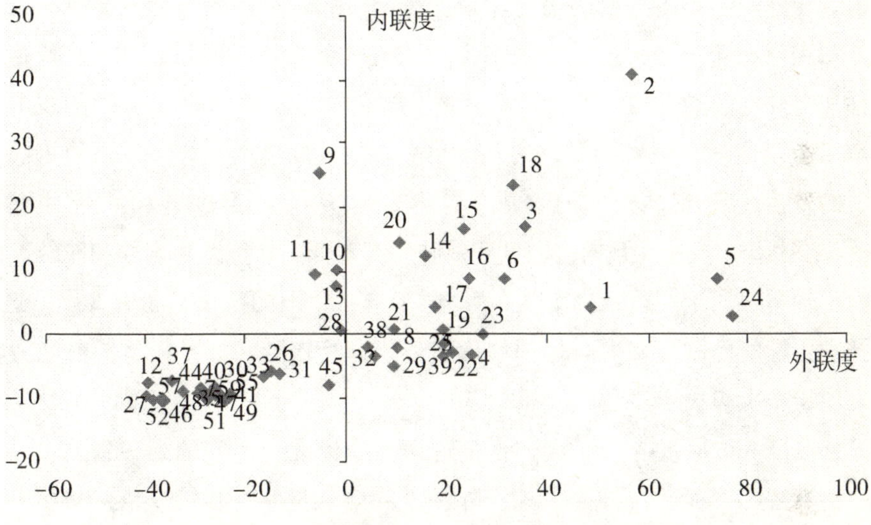


**图 6.3 1992—2010 时段 TD-SCDMA 技术主题坐标分布图（2）**

**Fig. 6.3 Strategic coordinate of TD-SCDMA technological topics from 1992 to 2010 (2)**

以外联度指标来度量，有 23 个技术主题的外联度高于平均值（42.65），表明有接近一半的技术主题的外部链接强度比较强，在 TD-SCDMA 的研发中居于核心和基础的地位。其中外联度最高（119.55）的是 3G 高速信道（聚类号为 24），构成该技术主题的技术术语多数出现在 2000 年以后，有的技术术语是最近几年出现的，如 information channel、physical downlink 分别出现在 2007 年和 2008 年，从该技术主题在战略坐标图中的象限位置也可以看出，它是新兴的一个核心技术主题。

以内联度指标来度量，有 20 个技术主题的内联度高于平均值（11.50），表明有多于 1/3 的技术主题的内部链接比较紧密，技术主题的研发比较稳定，不易被解散，形成新的研发主题。其中内联度最高（52.43）的技术主题是蜂窝移动通信系统（聚类号为 2），构成该技术主题的所有技术术语的共现时间均在 1999 年以前，从内容上来看，每一个技术术语都是蜂窝移动通信系统中的关键的技术术语，如码分多址（CDMA）、帧定时、信号输入、短代码等。从战略坐标图可以看出，该技术主题的外联度（99.67）也很高，居于第三位。因此，该技术主题位于战略坐标的第一象限，属于核心技术主题。

综合外联度和内联度两个指标来度量，在战略坐标图中，位于第一象限的技术主题有 15 个，这 15 个技术主题的内联度和外联度都较高，特征是稳定性和向外扩散能力均较强，属于"核心技术主题"；位于第二象限的技术主题有 5 个，这 5 个技术主题的内联度较高，但外联度较低，特征是稳定性较强、向外扩散能力较弱，属于"独立技术主题"；位于第三象限的技术主题有 22 个，这 22 个技术主题的内联度和外联度都较低，特征是稳定性和向外扩散能力均较弱，属于"边缘技术主题"；位于第四象限的技术主题有 8 个，这 8 个技术主题的外联度较高，但内联度较低，即稳定性较弱、向外扩散能力较强，属于"次级技术主题"。

外联度和内联度与中心度和密度这两对指标度量的问题是一致的，只是指标的算法不同而已。因此，基于外联度和内联度指标的 TD-SCDMA 的技术主题的坐标分布，与基于中心度和密度的 3G 技术主题的坐标分布具有可比性。结果显示：在核心技术主题、次级技术主题、边缘技术主题和独立技术主题的数量上，TD-SCDMA 分别为 15、8、22、5，3G 分别为 12、13、13、12。TD-SCDMA 与 3G 在各类技术主题上差别较大，只有核心技术主题的数量基本相当，TD-SCDMA 的次级技术主题较 3G 的次级技术主题少些，表明 TD-SCDMA 的研发中不稳定的技术主题较少；TD-SCDMA 的边缘技术主题较 3G 的边缘技术主题较多，表明 TD-SCDMA 的研发中稳定性和向外扩散能力都较弱的技术主题较多，这和 TD-SCDMA 的研发较晚密切相关；TD-SCDMA 的独立技术主题较 3G 的独立技术主题较少，表明 3G 的研发基础较雄厚，而 TD-SCDMA 的研发基础还较弱。

## 第三节 TD-SCDMA 的技术主题的动态分析

### 一、1992—2003 时段 TD-SCDMA 技术主题

CiteSpace 软件按照设定从 1992—2003 时段共抽取出 82 个技术术语，并生成 82×82 的技术术语共现矩阵，根据卡龙的共词聚类原则和方法，共生成 11 个聚类，即 11 个技术主题，其中有两个聚类（聚类 8、聚类 9）只有 2 个技术术语。依据外联度和内联度指标的计算方法，分别计算出 9 个技术主题的外联度值和内联度值，以外联度为横轴、内联度为纵轴，以外联度和内联度的平均值为坐标原点，绘制出 1992—2003 时段 TD-SCDMA 的 9 个技术主题的象限分布图（图 6.4）。

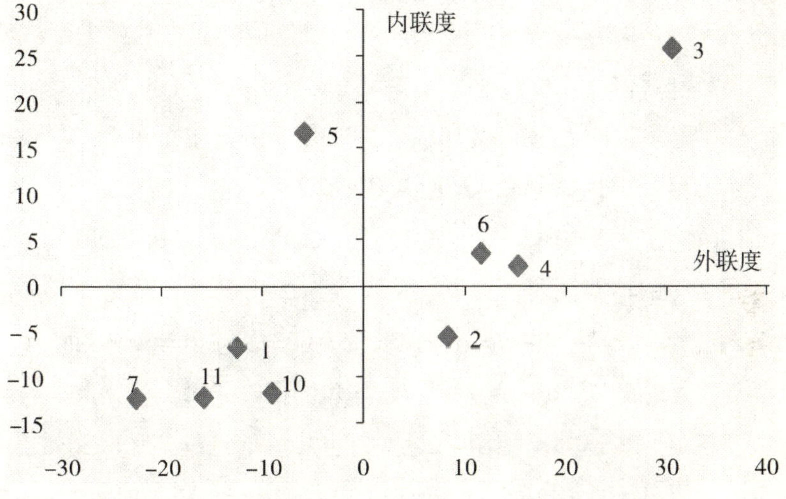


**图 6.4 1992—2003 时段 TD-SCDMA 技术主题坐标分布图**

**Fig. 6.4 Strategic coordinate of TD-SCDMA technological topics from 1992 to 2003**

在图 6.4 中，聚类 3、4、6 位于第一象限，特征是内联度和外联度都较高，稳定性和向外扩散能力均较强，这 3 个技术主题属于“核心技术主题”；聚类 5 位于第二象限，特征是内联度较高、外联度较低，稳定性较强、向外扩散能力较弱，该技术主题属于“独立技术主题”；聚类 1、7、10、11 位于第三象限，特征是内联度和外联度都较低，稳定性和向外扩散能力均较弱，这 4 个技术主题属于“边缘技术主题”；聚类 2 位于第四象限，特征是外联度较高、内联度较低，稳定性较弱、向外扩散能力较强，该技术主题属于“次级技术主题”。

以内联度和外联度指标来度量，外联度最高（57.97）和内联度最高（41.16）的技术主题是一个技术主题“蜂窝通信系统”（聚类号为 3），该技术主题位于第一象限，表明在 1992—2003 时段，蜂窝通信系统是“核心技术主题”，与 1992—2010 整个时段来比较的结果显示，在整个时段中，蜂窝通信系统也位于第一象限，表明蜂窝通信系统早在 1992—2003 时段就已经形成核心技术主题，一直延续至今，其核心地位没有发生变化。

聚类 4：移动台和基站是蜂窝移动通信系统的重要组成部分，通信系统由用户设备负责将基站与客户连接起来，再将通信信号通过基站进行传输完成通话。蜂窝移动通信系统和局域网系统都是现有无线通信系统的一种，而 2G 和 3G 都是蜂窝移动通信系统，ITU 在 2000 年 5 月确定了由 2G 发展和演进而来的三个标准，即由 GSM 演进而来的 WCDMA 和 TD-SCDMA，以及由 CDMA 演进而来的 CDMA2000。其中 TD-SCDMA 系统和 CDMA2000 系统都需要基站之间的严格同步。因此，从聚类 4 的构成来看，其技术主题可以确定为 3G 的无线通信系统的基站和移动台，位于战略坐标图的第一象限。

聚类 5：多载波 HSDPA 业务下的数据包的传输在每个载波上均需设置高速下行共享信道、高速共享控制信道和高速共享信息信道的信道配置方式，提出时分同步码分多址接入系统的物理信道配置方法和相关的信令传输方法，其中由小区的无线网络控制器为小区的节点 B 配置其高速随路控制信道池，然后由节点 B 根据无线网络控制器传送的小区中一个用户设备的类别标识，在其高速随路控制信道池中为用户设备选取其高速随路控制信道集合，最后节点 B 将其选取的所述高速随路控制信道集合通知给无线网络控制器，并由所述无线网络控制器为用户设备配置所述的高速随路控制信道集合。因此，聚类 5 的技术主题可以确定为 TD-SCDMA 系统的物理信道配置和信令传输，位于战略坐标图的第二象限。

聚类 2：码分多址接入系统是指用于 2G 和 3G 的无线通信系统，也是蜂窝移动通信系统。按照多址接入方式，移动通信系统可分为频分多址（FDMA）、码分多址（CDMA）和时分多址（TDMA）。它们将未经调制的数字信号或模拟信号进行调制，通过控制器产生数字移相键控信号；通过控制单元的程序流程管理，在解调器中进行相干调解。调解后的数据信号为 4 倍的传播码，在同步时间内输出信号，CDMA 接收器接收所发送的信号。因此，聚类 2 的技术主题可以确定为 CDMA 系统的信号输入，位于战略坐标图的第四象限。

聚类 1：TD-SCDMA 与其他 3G 一样都采用宽带 CDMA 的多址接入技术，扩频是其物理层的重要一步。扩频调制主要分为扩频和加扰。先用扩频码对数据信号扩频，再将扰码加到扩频后的信号中。TD-SCDMA 所采用的扩频码是一种正交可变扩频因子码。加扰的目的是为了把接收终端或基站之间区别开。因此，聚类 1 的技术主题可以确定为 TD-SCDMA 的扩频调制，位于战略坐标图的第三象限。

聚类 10：3G 系统均属于数字移动通信系统，数字信号处理器将信号以数字方式表示并进行处理，TD-SCDMA 系统采用的是 TDD（时分双工）的模式，即在两个方向上用同一频率信道即载波的不同时间段交替发送信号，其接收端能够准确地恢复发射端的发送信号，很大程度上受无线信道的影响，因此在接收信号时，运用信道估计技术对信道的参数进行估计，从而保证在接收端正确地解调出发射信号。构建控制器局域网也是传送信息的安全等级较高的串行通信方式。因此，聚类 10 的技术主题可以确定为 TD-SCDMA 终端接发信号的模式，位于战略坐标图的第三象限。

聚类 6：时分同步码分多址接入这一技术主题位于第一象限，其外联度值为 39.11，较高的外联度值表明“时分同步码分多址接入”这一主题与其他聚类具有较高的连通性，属于技术研发机构或个人关注的重点。其内联度值为 18.69，高于均值 0.46，说明其内部的链接性也较强，但不是很高，这表明由我国研发的 TD-SCDMA 移动通信技术是一种新兴技术，多数技术还没有形成良好的内部结构，TD-SCDMA 的相关技术细节尚未达到较高的稳定性，需要进一步研发。总之，位于第一象限的 TD-SCDMA 这一技术主题的技术相对成熟，将来一定会成为研究的热点领域，具有较好的发展前景和投资价值，我国也应该将其研究放在战略的重要地位予以重视。

## 二、2004—2005 时段 TD-SCDMA 技术主题

2004—2005 时段共抽取出 93 个技术术语，并生成 93×93 的技术术语共现矩阵。根据卡龙的共词聚类原则和方法，共计划分出 14 个聚类，其中有 3 个聚类只有两个技术术语。因此，在外联度为横轴、内联度为纵轴的 2004—2005 时段的 TD-SCDMA 技术主题坐标分布图中显示了 11 个聚类，即 11 个技术主题的象限位置（图 6.5）。

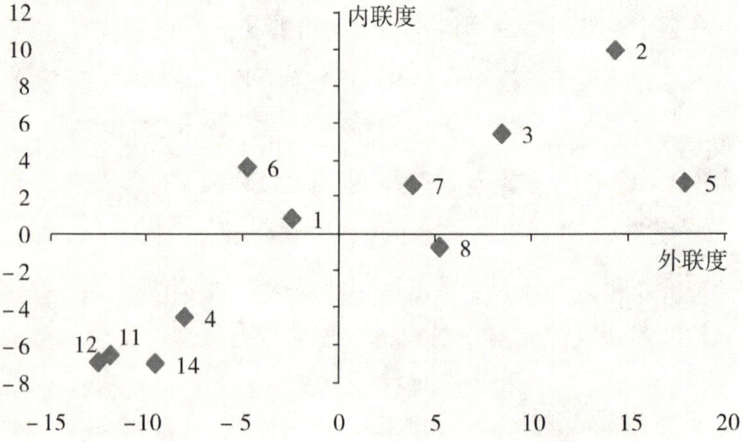


**图 6.5 2004—2005 时段 TD-SCDMA 技术主题坐标分布图**

**Fig. 6.5 Strategic coordinate of TD-SCDMA technological topics from 2004 to 2005**

在战略坐标图中，聚类 2、3、5、7 位于第一象限，这些技术主题的内联

度和外联度都较高，表明这 4 个技术主题在内部链接比较紧密的同时，也与其他技术主题的链接比较紧密，以这些技术主题为核心，研发内容不断扩大，我们将这些技术主题定义为“核心技术主题”；聚类 1、6 位于第二象限，这两个技术主题的内部链接较强，但与外部的链接较弱，低于平均值，表明这些技术主题仍是研发的重要技术主题，但与其他技术主题的联系较少，仅是局限于技术主题内部的研究，我们称其为“独立技术主题”；聚类 4、11、12、14 位于第三象限，这 4 个技术主题的内、外部链接均低于均值，表明这些技术主题的研发处于不稳定状态，可能会因为内、外部的链接越来越少而消失，我们称其为“边缘技术主题”；聚类 8 位于第四象限，该技术主题的内部链接较弱，但外部链接较强，容易融入其他技术主题中，形成新的研发技术主题，我们称其为“次级技术主题”。

以外联度指标来度量，有 5 个技术主题的外联度高于均值（24.83），这 5 个技术主题的外部链接强度较高，在 2004—2005 时段处于 TD-SCDMA 研发的核心和基础地位。它们分别是“控制信道和物理信道”、“用户设备”、“时分双工移动通信系统”、“无线移动通信网络”和“时间间隔”。其中的“时分双工移动通信系统”（聚类号为 5）的外联度最高（34.10），又因其内联度为 11.30，也高于均值，因此，该技术主题位于第一象限，属于核心技术主题。

以内联度指标来度量，有 6 个技术主题的内联度高于均值（8.50），这些技术主题的内部链接程度较强，不易被解散，研发的稳定性较好。其中控制信道和物理信道（聚类号为 2）的内联度最高（18.45），其外联度值为 30.54，仅次于聚类 5，也位于战略坐标的第一象限，属于核心技术主题。

### 三、2006—2007 时段 TD-SCDMA 技术主题

2006—2007 时段共抽取出 256 个技术术语，并生成 256×256 的技术术语共现矩阵。根据卡龙的共词聚类原则和方法，共计划分出 31 个聚类，其中有 1 个聚类只有两个技术术语，因此，在 2006—2007 时段以外联度为横轴、内联度为纵轴的战略坐标图中，显示了 TD-SCDMA 的 30 个聚类，即 30 个 TD-SCDMA 技术主题的象限分布（图 6.6）。

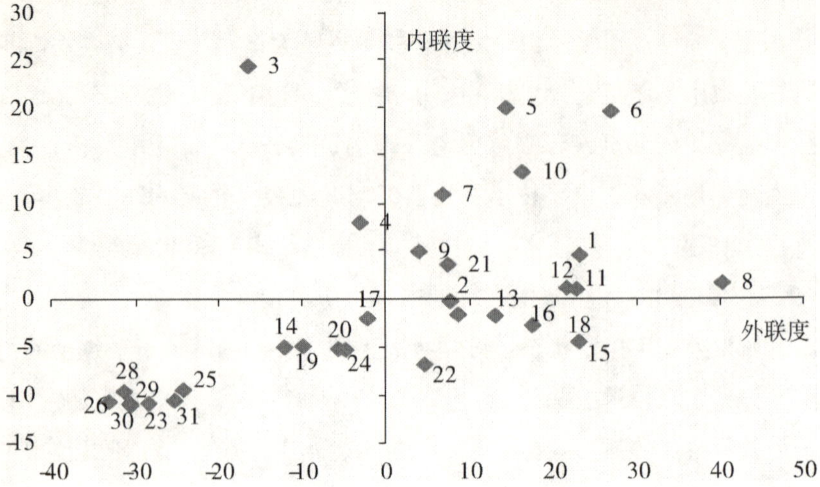


**图 6.6　2006—2007 时段 TD-SCDMA 技术主题坐标分布图**

**Fig. 6.6　Strategic coordinate of TD-SCDMA technological topics from 2006 to 2007**

在战略坐标图中，有 10 个聚类位于第一象限，这 10 个技术主题的特征是内联度和外联度都较高，内部稳定性和向外扩散能力都较强，属于“核心技术主题”；有两个聚类位于第二象限，这两个技术主题的特征是内联度较高、外联度较弱，内部稳定性较强，但向外扩散能力较弱，属于“独立技术主题”；有 12 个聚类位于第三象限，这 12 个技术主题的特征是内、外联度都较弱，内部稳定性和向外扩散能力都较弱，属于“边缘技术主题”；有 6 个聚类位于第四象限，这 6 个技术主题的特征是内联度较弱、外联度较高，内部稳定性较弱，但向外扩散能力较强，属于“次级技术主题”。

以外联度指标来度量，有 16 个技术主题的外联度高于均值（37.38），这 16 个技术主题的外部链接强度较高，表明这 16 个技术主题在 TD-SCDMA 领域的研发中居于核心和基础地位。其中，聚类号为 8 的技术主题的外联度最高，为 77.55，该技术主题为“TD-SCDMA 系统与基站”。又因为“TD-SCDMA 系统与基站”的内联度值略高于均值，因此，该技术主题在战略坐标的第一象限，属于核心技术主题。

以内联度指标来度量，有 12 个技术主题的内联度值高于均值，表明这 12

个技术主题的内部链接紧密，不易解散，研发较稳定。其中，聚类号为 3、5、6 对应的技术主题的内联度值较高，分别为 36.47、32.03 和 31.65。但由于聚类 3 的技术主题的外联度值仅为 21.05，低于均值，居于战略坐标的第二象限，属于独立技术主题；而聚类 5 和 6 的外联度值分别为 51.73 和 64.24，即内联度和外联度都高于均值。因此，这 2 个技术主题均位于战略坐标的第一象限，属于核心技术主题，它们分别是“全球数字蜂窝移动通信系统”和“多媒体广播多播业务”。

## 四、2008—2010 时段 TD-SCDMA 技术主题

对 2008—2010 时段运用 CiteSpace 软件共抽取出 214 个技术术语，并生成 214×214 的技术术语共现矩阵。根据卡龙的聚类原则和方法，共计划分出 28 个聚类，其中聚类 24、聚类 28 只有两个技术术语，将不在战略坐标中显示，因此，在 2008—2010 时段以外联度为横轴、内联度为纵轴的技术主题的战略坐标中，显示了 TD-SCDMA 的 26 个聚类，即 26 个 TD-SCDMA 技术主题的象限位置（图 6.7）。

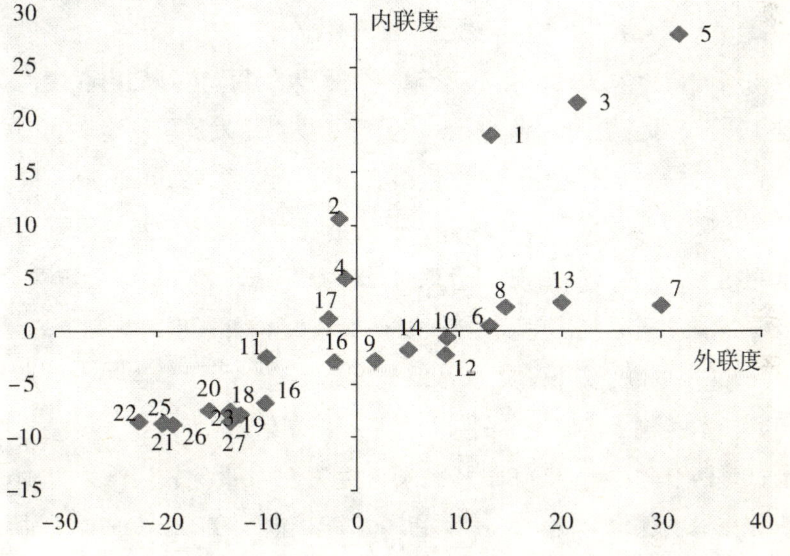


**图 6.7 2008—2010 时段 TD-SCDMA 技术主题坐标分布图**

**Fig. 6. 7 Strategic coordinate of TD-SCDMA technological topics from 2008 to 2010**

在战略坐标图中，根据内联度和外联度指标的含义，可以确定在2008—2010时段有7个聚类居于第一象限，这7个技术主题的特征是内联度和外联度都较高，内部稳定性和向外扩散能力较强，属于“核心技术主题”；3个聚类居于第二象限，这3个技术主题的特征是内联度较高、外联度较低，内部稳定性较强，但向外扩散能力较弱，属于“独立技术主题”；12个聚类居于第三象限，这12个技术主题的特征是内联度和外联度都较低，内部稳定性和向外扩散能力都较弱，属于“边缘技术主题”；4个聚类居于第四象限，这4个技术主题的特征是外联度较高、内联度较低，内部稳定性较弱，但向外扩散能力较强，属于“次级技术主题”。

以外联度指标来衡量，有11个聚类号对应的技术主题的外联度值高于均值（23.82），这11个技术主题的外部链接强度较高，在TD-SCDMA的研发中居于核心和基础地位。其中，聚类号为5和7的技术主题的外联度值较高，分别为55.61和53.85；同时这两个技术主题的内联度值也较高，分别为37.92和12.34，高于均值（9.86）。因此，这2个技术主题位于战略坐标图的第一象限，属于核心技术主题，它们是“随机存取”（聚类号为5）和“TD-SCDMA信噪控制”（聚类号为7）。

以内联度指标来度量，有10个聚类号对应的技术主题的内联度值高于均值，这10个技术主题的内部链接比较紧密，技术研发比较稳定。其中，聚类号为5和3对应的技术主题的内联度最高，分别为37.92和31.45；同时这两个聚类的外联度也较高，高于均值。这两个技术主题位于第一象限，属于核心技术主题，它们分别是“随机存取”（聚类号为5）和“无线局域网”（聚类号为3）。除此之外，还有聚类号为1的技术主题的外联度值（37.10）和内联度值（28.36）也高于均值，处于战略坐标第一象限的明显位置，也是一个重要的核心技术主题，该技术主题是“上下行控制信道”。

通过对四个时段的TD-SCDMA技术主题的数量比较，结果显示，前两个时段的技术主题数量较少，表明在2005年以前对TD-SCDMA的研发还没有引起研发者的关注，在2006—2007时段技术主题的数量明显增加，不包括只有两个技术术语的技术主题，达到30个技术主题，在该时段TD-SCDMA

的研发明显具有跨越式模式的特征，到 2008—2010 年有所降低，表明仅仅局限于 TD-SCDMA 的研发已经不再是研发者关注的焦点，而如何向 4G 或下一代通信技术的研发成为核心。

技术主题的象限分布情况以及技术主题的类别的比较结果显示：TD-SCDMA 的核心、次级、边缘和独立四个类别的技术主题的数量都有所增加，这主要是和每个时段共现的技术术语的数量有关，但每个时段的技术术语数量可以体现出该时段的专利数量以及研发的状况，表明在前两个时段 TD-SCDMA 的研发主题较少，到 2006—2007 时段出现峰值，2008—2010 时段核心技术主题和次级技术主题有所减少，但幅度不大。

## 第四节 TD-SCDMA 技术研发路径的动态分析

### 一、1992—2003 时段 TD-SCDMA 的技术研发路径

1992—2003 时段共划分出 11 个聚类，其中聚类 8 和聚类 9 只有两个技术术语，剩余的 9 个聚类中的每个聚类都有一个外联度最大的技术术语（表 6.3）。在表 6.3 中“mobile communication system”的外联度值最大（15.88）。

**表 6.3 1992—2003 时段最大外联度的技术术语**

**Tab. 6.3 Technological terms with the highest external link in period 1992 to 2003**

| 类号 | 最大外联度的技术术语 | 外联度值 |
|---|---|---|
| 1 | code-division-multiple-access-system | 13.64 |
| 2 | mobile-communication-system | 15.88 |
| 3 | correlation-value | 8.66 |
| 4 | base-station | 11.66 |
| 5 | mobile-communication-terminal | 9.61 |
| 6 | synchronous-method | 9.62 |
| 7 | scrambling-code | 3.11 |
| 10 | threshold-value | 5.18 |
| 11 | synchronous-timing-information | 5.94 |

将这 9 个技术术语根据 1992—2003 时段的技术术语共现矩阵，构建出 9×9 的技术术语共现矩阵（表 6.4），矩阵中的数值是技术术语间的余弦指数值。

表 6.4　1992—2003 时段最大外联度的技术术语共现矩阵

Tab. 6.4　Co-occurrence matrixof technological terms with the highest external link in period 1992 to 2003

| | 1 | 2 | 3 | 4 | 5 | 6 | 7 | 10 | 11 |
|---|---|---|---|---|---|---|---|---|---|
| 1 | 0 | 0.18 | 0.58 | 0.38 | 0.19 | 0.71 | 0 | 0.19 | 0.24 |
| 2 | 0.18 | 0 | 0.58 | 0.13 | 0.33 | 0.41 | 0 | 0 | 0 |
| 3 | 0.58 | 0.58 | 0 | 0.44 | 0.67 | 0.41 | 0 | 0 | 0.50 |
| 4 | 0.38 | 0.13 | 0.44 | 0 | 0.22 | 0.27 | 0.27 | 0.15 | 0.19 |
| 5 | 0.19 | 0.33 | 0.67 | 0.22 | 0 | 0.41 | 0 | 0.41 | 0.50 |
| 6 | 0.71 | 0.41 | 0.41 | 0.27 | 0.41 | 0 | 0 | 0 | 0 |
| 7 | 0 | 0 | 0 | 0.27 | 0 | 0 | 0 | 0 | 0 |
| 10 | 0.19 | 0 | 0 | 0.15 | 0.41 | 0 | 0 | 0 | 0.41 |
| 11 | 0.24 | 0 | 0.50 | 0.19 | 0.50 | 0 | 0 | 0.41 | 0 |

注：矩阵中的序号对应表 6.3 中序号的技术术语。

按照路径的探寻原则和方法，首先在表 6.3 中找到外联度值最大的技术术语（mobile communication system），然后在表 6.4 的矩阵中查找与“mobile communication system”共现强度最大的技术术语（correlation value），再查找与“correlation value”共现强度最大的技术术语，依此类推，一直将 9 个技术术语全部列入路径为止，运用绘图软件绘制出路径图（图 6.8）。

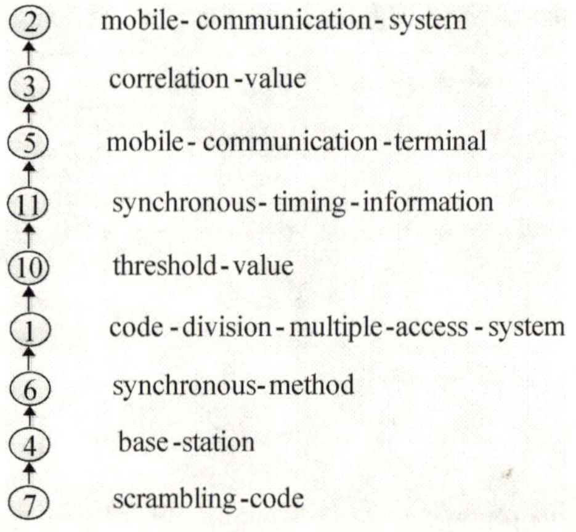


图 6.8　1992—2003 时段 TD-SCDMA 技术研发路径图

Fig. 6.8　Technology R & D Path of TD-SCDMA in period 1992 to 2003

在路径图中，只存在一条研发路径，表明 2003 年以前的研发比较单一，相似程度较大，非相似性较小。整个研发还是以码分多址（CDMA）为特征的第二代移动通信系统，围绕同步技术进行的一系列研发为第三代移动通信系统的产生创造了条件，但该时段还没有涉及时分双工技术（TDD）。

## 二、2004—2005 时段 TD-SCDMA 的技术研发路径

2004—2005 时段共划分出 14 个聚类，其中聚类 9、10、13 只有两个技术术语，剩余的 11 个聚类分别有一个最大外联度的技术术语（表 6.5）。在表 6.5中，聚类 1 的技术术语“node-b”的外联度值最大（7.54）。

**表 6.5 2004—2005 时段最大外联度的技术术语**

**Tab. 6.5 Technological terms with the highest external link in period 2004 to 2005**

| 类号 | 最大外联度的技术术语 | 外联度值 |
|---|---|---|
| 1 | node-b | 7.54 |
| 2 | time-division-synchronous-code-division-multiple-access-system | 6.59 |
| 3 | time-division-synchronous-code-division-multiple-access | 6.43 |
| 4 | channel-estimation | 3.17 |
| 5 | base-station | 6.75 |
| 6 | control-unit | 2.09 |
| 7 | wireless-communication-system | 5.16 |
| 8 | following-step | 5.46 |
| 11 | global-system-for-mobile-communication | 2.52 |
| 12 | received-signal | 3.70 |
| 14 | code-division-multiple-access | 3.49 |

根据 2004—2005 时段的技术术语共现矩阵，生成 11×11 的最大外联度的技术术语共现矩阵（表 6.6）。

**表 6.6 2004—2005 时段最大外联度的技术术语共现矩阵**

**Tab. 6.6 Co-occurrence matrix of technological terms with the highest external link in period 2004 to 2005**

| | 1 | 2 | 3 | 4 | 5 | 6 | 7 | 8 | 11 | 12 | 14 |
|---|---|---|---|---|---|---|---|---|---|---|---|
| 1 | 0 | 0.12 | 0.14 | 0 | 0.28 | 0 | 0.08 | 0.32 | 0 | 0.13 | 0 |
| 2 | 0.12 | 0 | 0.28 | 0.10 | 0.07 | 0 | 0.11 | 0.25 | 0 | 0.06 | 0.06 |

续表

| | 1 | 2 | 3 | 4 | 5 | 6 | 7 | 8 | 11 | 12 | 14 |
|---|---|---|---|---|---|---|---|---|---|---|---|
| 3 | 0.14 | 0.28 | 0 | 0.12 | 0.13 | 0 | 0.14 | 0.18 | 0.22 | 0.22 | 0.07 |
| 4 | 0 | 0.10 | 0.12 | 0 | 0.08 | 0 | 0.11 | 0 | 0 | 0.14 | 0.13 |
| 5 | 0.28 | 0.07 | 0.13 | 0.08 | 0 | 0 | 0.18 | 0.18 | 0.40 | 0.14 | 0.13 |
| 6 | 0 | 0 | 0 | 0 | 0 | 0 | 0 | 0 | 0.24 | 0 | 0.14 |
| 7 | 0.08 | 0.11 | 0.14 | 0.11 | 0.18 | 0 | 0 | 0.10 | 0 | 0 | 0.07 |
| 8 | 0.32 | 0.25 | 0.18 | 0 | 0.18 | 0 | 0.10 | 0 | 0 | 0.11 | 0 |
| 11 | 0 | 0 | 0.22 | 0 | 0.40 | 0.24 | 0 | 0 | 0 | 0 | 0.22 |
| 12 | 0.13 | 0.06 | 0.22 | 0.14 | 0.14 | 0 | 0 | 0.11 | 0 | 0 | 0 |
| 14 | 0 | 0.06 | 0.07 | 0.13 | 0.13 | 0.14 | 0.07 | 0 | 0.22 | 0 | 0 |

按照路径探寻的原则和方法，第一步，在表 6.5 的 11 个技术术语中找到外联度最大的技术术语（node-b）；第二步，在表 6.6 的矩阵中查找与“node-b”共现强度最大的技术术语，依此类推，一直到将 11 个技术术语都列入路径中为止。运用绘图软件绘制出路径图（图 6.9），在路径图中，一共存在两条路径，其中有一条主干路径：该路径从“control-unit”到“node-b”。

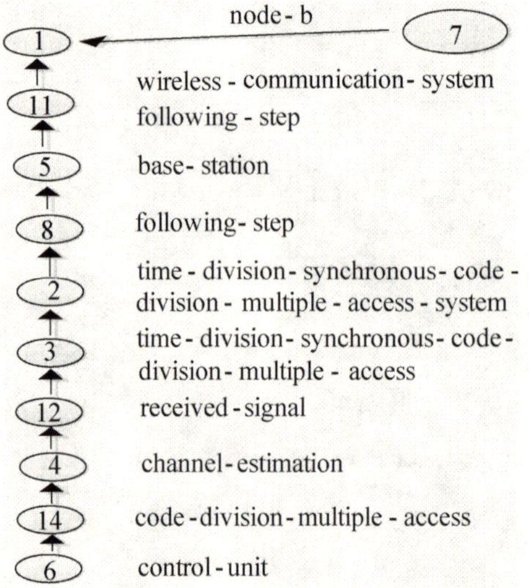


**图 6.9　2004—2005 时段 TD-SCDMA 技术研发路径图**

**Fig. 6.9　Technology R & D Path of TD-SCDMA in period 2004 to 2005**

说明在2004—2005时段，TD-SCDMA还不是移动通信领域的路径末端，和CDMA一样，处于主干路径之中，作为实现移动通信的一种新的方式而存在。分支路径与无线通信系统相关。

与1992—2003时段相比较，该时段已经由原来的单一的同步技术的研发，转向时分同步的研发，已经有了TD-SCDMA接入技术和TD-SCDMA系统。在主干路径中的GSM节点，是TD-SCDMA技术的基础，根据ITU的规定，3G的三个技术标准中的WCDMA和TD-SCDMA的技术演进都是以2G的GSM为基础进行的。

## 三、2006—2007时段TD-SCDMA的技术研发路径

2006—2007时段共划分出31个聚类，其中聚类27只有两个技术术语，其他30个聚类中都存在一个最大外联度的技术术语（表6.7），根据2006—2007时段的技术术语共现矩阵，生成30×30的最大外联度的技术术语的共现矩阵（略）。

**表6.7 2006—2007时段最大外联度的技术术语**

**Tab. 6.7 Technological terms with the highest external link in period 2006 to 2007**

| 类号 | 最大外联度的技术术语 | 外联度值 | 类号 | 最大外联度的技术术语 | 外联度值 |
|---|---|---|---|---|---|
| 1 | third-generation | 11.36 | 16 | radio-frequency-signal | 9.40 |
| 2 | time-division-synchronous-code-division-multiple-access | 22.26 | 17 | detecting-method | 8.86 |
| 3 | mobile-communication-terminal | 11.25 | 18 | radio-network-controller | 11.42 |
| 4 | utility-model | 9.45 | 19 | radio-frequency-module | 6.77 |
| 5 | global-system-for-mobile-communication | 11.98 | 20 | global-positioning-system | 5.98 |
| 6 | wireless-network-controller | 13.35 | 21 | power-control | 8.29 |
| 7 | adjacent-cell | 9.06 | 22 | realizing-method | 10.76 |
| 8 | time-division-synchronous-code-division-multiple-access-system | 21.00 | 23 | time-division-duplex-system | 4.18 |
| 9 | intermediate-frequency_2007 | 8.12 | 24 | code-division-multiple-access | 6.35 |

续表

| 类号 | 最大外联度的技术术语 | 外联度值 | 类号 | 最大外联度的技术术语 | 外联度值 |
|---|---|---|---|---|---|
| 10 | user-terminal | 14.37 | 25 | synchronous-code | 7.87 |
| 11 | user-equipment | 12.71 | 26 | stand-by-mode | 1.48 |
| 12 | controlling-method | 11.53 | 28 | intelligent-antenna | 3.88 |
| 13 | downlink-signal | 12.00 | 29 | general-packet-radio-service | 3.33 |
| 14 | time-division-synchronous-code-division-multiple-access-terminal | 9.90 | 30 | radio-signal | 2.88 |
| 15 | base-station | 14.95 | 31 | threshold-value | 3.51 |

按照探寻路径的原则和方法，首先找到外联度值最大的技术术语，即聚类 2 的外联度最大的技术术语（time-division-synchronous-code-division-multiple-access）的外联度是最大的（22.26），其次找到与“time-division-synchronous-code-division- multiple-access”共现强度（余弦指数）最大的另一个最大外联度技术术语，依此类推，直到将 30 个最大外联度的技术术语确定到路径中的具体位置为止。最后显示出 2006—2007 时段的研发路径，运用绘图软件绘制出研发路径图（图 6.10）。

在路径图中，一共存在 3 条路径，3 条路径的根部基本相同，路径的结合点有两个：user equipment（用户设备）和 synchronous code（同步码），在“同步码”节点处有两个分支汇聚，从每个分支的内容上来看，正是形成 TD-SCDMA 的关键，一是由 GPRS 和 CDMA 等构成的路径，该路径表明 TD-SCDMA 的形成和研发路径属于顺沿研发路径，是在 2G 和 2.5G 移动通信系统的基础上演进而来的。二是由 TDD 和 TD-SCDMA 终端构成的路径，该路径表明 TD-SCDMA 的研发是将时分双工技术与码分多址技术相结合，增加了新的元素，“同步码”将两个分支相结合，构成了 TD-SCDMA 的主要元素，即 TDD、CDMA 和 synchronous。因此说该路径是 TD-SCDMA 的主要研发路径，通过节点“user equipment”连接在 TD-SCDMA 研发的主干路径上。从主干路径的构成来看，明显比前两个时段复杂得多，新增了无线网络

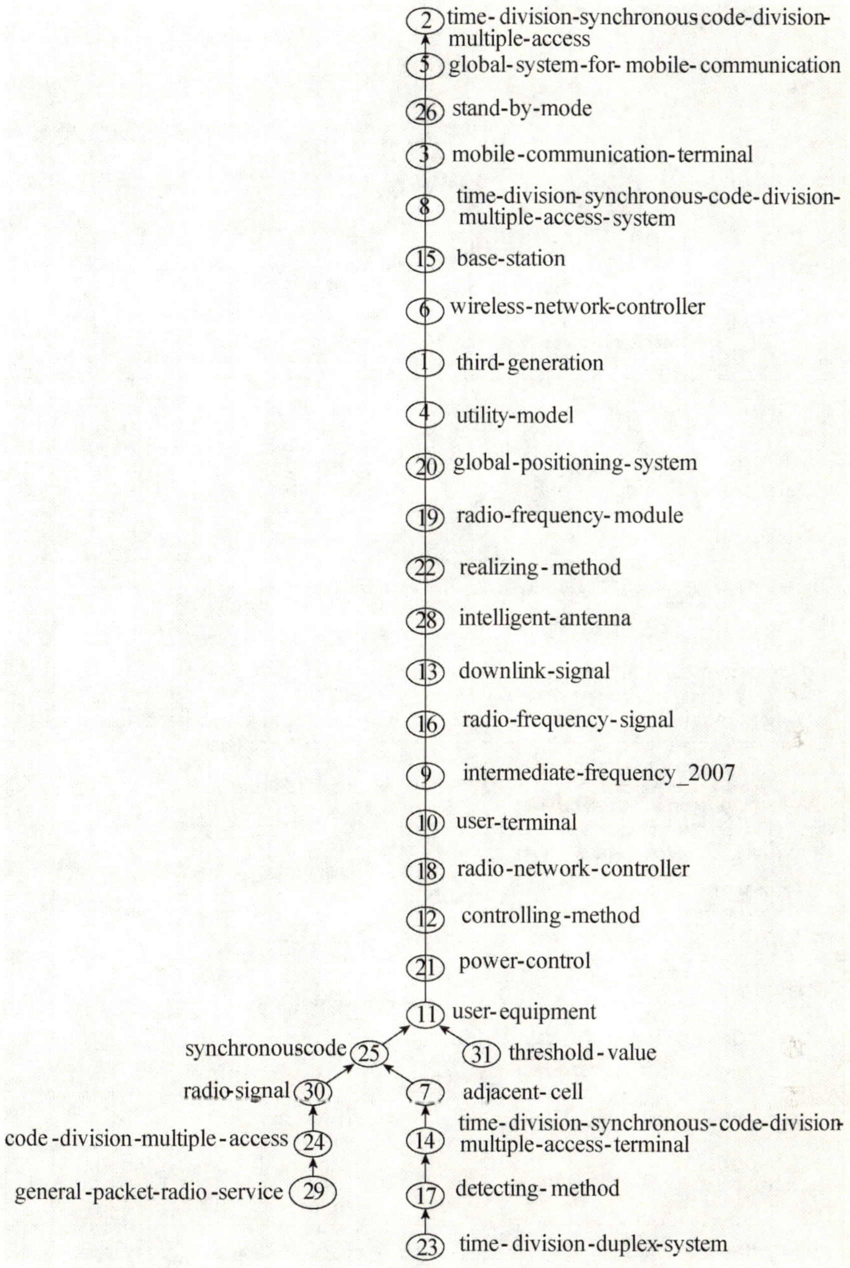


**图 6.10　2006—2007 时段 TD-SCDMA 技术研发路径图**

**Fig. 6.10　Technology R & D Path of TD-SCDMA in period 2006 to 2007**

控制器、GPS和无线频谱信号等。

## 四、2008—2010时段TD-SCDMA的技术研发路径

2008—2010时段共划分出28个聚类，其中聚类24和28只有两个技术术语，其他26个聚类都有一个外联度最大的技术术语（表6.8），将这些技术术语按照技术术语共现矩阵的共现关系，构建出26×26的最大外联度的技术术语矩阵。

表6.8 2008—2010时段最大外联度的技术术语

Tab. 6.8 Technological terms with the highest external link in period 2008 to 2010

| 类号 | 最大外联度的技术术语 | 外联度值 | 类号 | 最大外联度的技术术语 | 外联度值 |
|---|---|---|---|---|---|
| 1 | uplink-control-channel | 7.63 | 14 | node-b | 6.74 |
| 2 | power-supply-module | 5.43 | 15 | third-generation | 6.29 |
| 3 | time-division-synchronous-code-division-multiple-access | 15.02 | 16 | transmitting-data | 4.26 |
| 4 | mobile-communication-system | 5.94 | 17 | midamble-code | 3.70 |
| 5 | user-equipment | 11.98 | 18 | communication-system | 5.59 |
| 6 | time-division-synchronous-code-division-multiple-access-network | 9.65 | 19 | mobile-communication-field | 5.88 |
| 7 | time-division-synchronous-code-division-multiple-access-system | 15.24 | 20 | dispatching-method | 4.52 |
| 8 | mobile-communication-network | 7.55 | 21 | wireless-device | 3.74 |
| 9 | code-division-multiple-access-network | 5.48 | 22 | signal-intensity | 0.98 |
| 10 | mobile-communication-terminal | 8.24 | 23 | receiving-information | 3.44 |
| 11 | wireless-communication_2008 | 4.43 | 25 | filtering-unit | 1.82 |
| 12 | time-slot | 10.77 | 26 | wideband-code-division-multiple-access-network | 3.03 |
| 13 | radio-network-controller | 7.15 | 27 | control-module | 3.79 |

按照路径探寻的原则和方法，首先找到聚类7的外联度最大的技术术语的外联度是最大的，再在矩阵中查找与聚类7共现强度最大的技术术语，依

此类推，直到将 26 个最大外联度的技术术语都列入路径中为止，最后显示出 2008—2010 时段的研发路径，运用绘图软件绘制出研发路径图（图 6.11）。在路径图中，一共存在 5 条路径，其中有 1 条主干路径、1 条分支路径和 3 条小分叉路径。与前三个时段相比，该时段是 TD-SCDMA 的发展和研发的主要阶段，在该时段 TD-SCDMA 的系统和网络都已经形成，并予以商用。

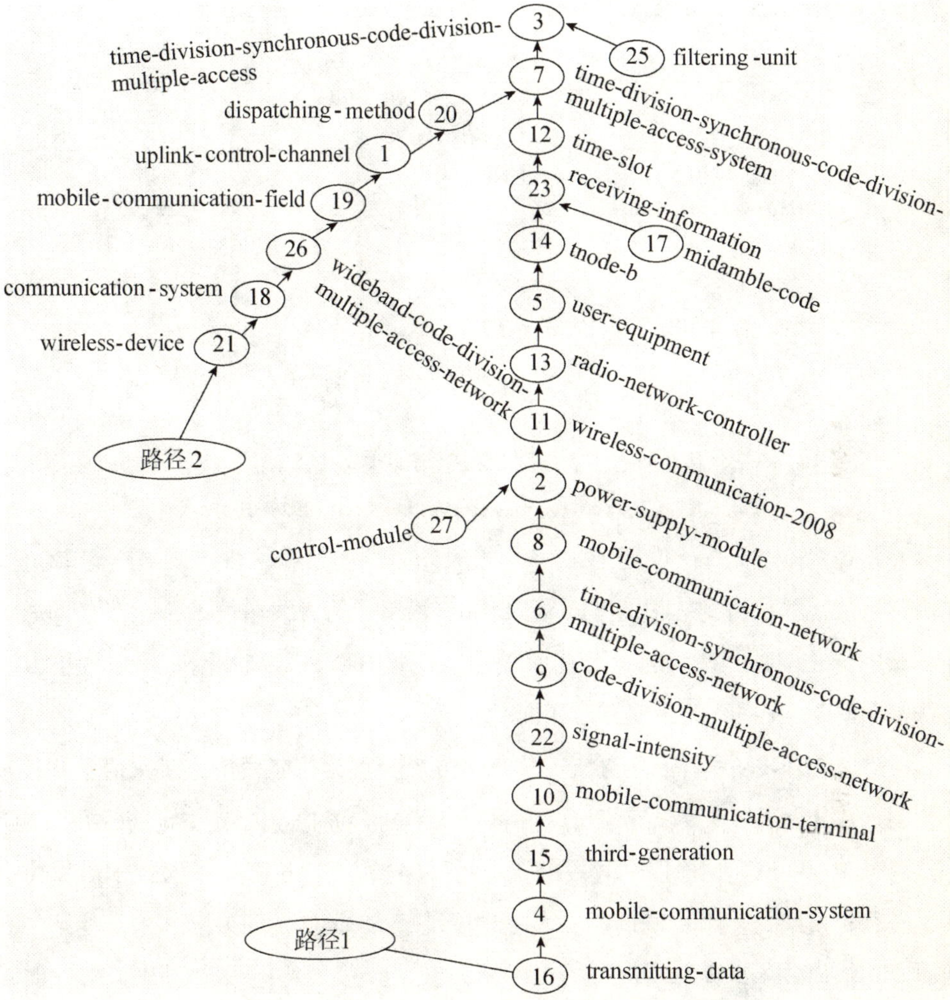


**图 6.11　2008—2010 时段 TD-SCDMA 技术研发路径图**

**Fig. 6.11　Technology R & D Path of TD-SCDMA in period 2008 to 2010**

路径 1（主干路径）：主要由 17 个最大外联度的技术术语构成（图 6.12），树梢是数据传输，树根是 TD-SCDMA。由树梢向树根运动，通过移动通信网络和系统，无线网络控制器，实现无线移动通信，向用户设备传输信号，用户通过移动通信终端接收信息，构成 3G 的 TD-SCDMA 网络和系统。

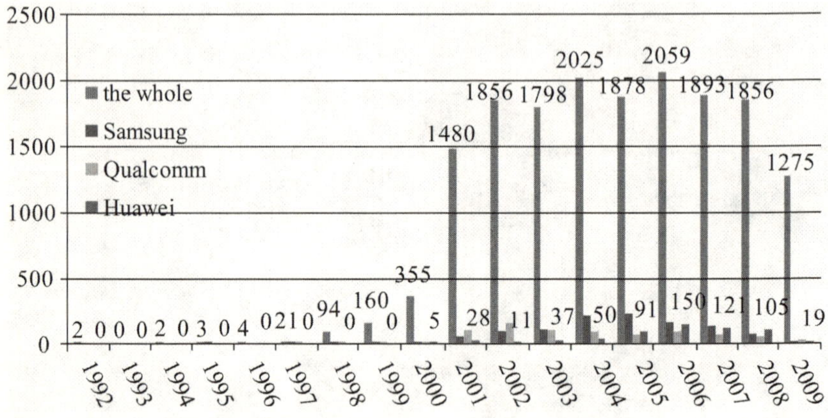


**图 6.12　第三代移动通信技术专利文献的年代分布及发展趋势（1992—2009）**

**Fig. 6.12　3G patents' distribution by year（1992—2009）**

路径 2（分支路径）：主要由 8 个最大外联度的技术术语构成（图 6.12），由树枝的无线设备到树根的 TD-SCDMA。该路径的无线通信设备，在移动通信域中，通过通信系统的上行控制信道来调度 TD-SCDMA 网络，该调度方法与 WCDMA 系统的调度方法相同。

除此之外，还存在三个分支，这三个分支分别为控制模块、接收信息和过滤装置，分别通过功率供应模块、中间码和 TD-SCDMA 连接在主干路径上。

纵观 TD-SCDMA 四个时段的技术研发路径，TD-SCDMA 的技术研发由单一路径模式到多路径模式，由第一时段基于 CDMA 的研发转入 3G 基站的研发，继而转入 TD-SCDMA 的技术研发。从路径的终端可以看出，第一时段以“移动通信系统”为终端，第二时段以“3G 基站”为终端，第三时段和第四时段都是以“TD-SCDMA”为终端。因此，根据四个时段 TD-SCDMA

技术研发路径的变化和路径终端的变化，可以判断出，TD-SCDMA 的技术研发的高峰是在 2006 年以后，这一结论依据 TD-SCDMA 的专利申请数量的年度变化也可以得到证实。

## 第五节 中国移动通信技术领域专利竞争战略

本节选取国内外具有典型代表意义的移动通信企业（美国高通、韩国三星和中国华为 3 家公司）为研究对象进行计量分析，从而比较中国移动通信企业的优势与不足，对中国移动通信技术领域的竞争战略进行思考。

### 一、数据来源和分析指标

#### 1. 数据来源

数据主要来自德温特创新索引专利数据库，该数据库提供了 1963 年以来 3000 多万条专利数据，选用德温特创新索引专利数据库的手工代码检索方式，按照检索式 MC=（W05-D06G5G or W02-C03C1G or W01-C01D3G）进行检索，再按照专利权人代码进行二次检索，截至 2009 年年底，分别检索到高通（802 项）、三星（1100 项）和华为（617 项）三家公司的专利数据信息。

#### 2. 分析指标

目前用于分析专利文献的计量指标很多，有的指标可以反映专利间的相互关系，发现技术与技术之间的联系和发展规律，如频数、中介中心性、激增指数、Σ 指数等。本节主要选用能够评价学术成果影响力的 H 指数进行定量分析。

H 指数，是由乔治·赫希（J. E. Hirsch）于 2005 年提出的一种量化分析研究人员的学术成果影响力的计量指标[122]。H 指数可定义为一个科研人员至多有 H 篇论文分别被引用至少 H 次，如物理学家爱德·威顿（E. Witten）的 H 指数是 110，表明其有 110 篇论文每篇至少被引用了 110 次。H 指数能够准确反映一个人的学术成果的影响力，H 指数越高，表明其科研成果的影响力越大。

H 指数，即“有 H 篇论文被引用了不少于 H 次”。本节将其用来评价专利权人的影响力，专利权人 H 指数的计算方法为：将专利权人的专利按照被引次数从高到低排序，然后每篇专利文献得到一个序号，将每篇专利文献的序号与被引次数进行比较，找到序号 H，使得这一篇专利文献的序号 H 小于或等于其被引次数，下一篇专利文献的序号大于其被引次数，该 H 值即为该专利权人的 H 指数。

## 二、第三代移动通信技术专利分析

### 1. 技术发展趋势分析

1992—2009 年共申请 3G 技术专利 16761 项，年申请专利数量自 1994 年以来基本呈现出递增趋势（图 6.12），其中 21 世纪初增长速度较快，从 2000 年的 355 项快速增长到 2002 年的 1856 项，增幅为 423%。这一阶段也正是国际电信联盟正式公布 3G 标准的阶段；2006 年全球专利申请数量达到最高，2007 年以后出现下降趋势，这表明诸多专利申请已经转向 4G 专利的研发，是符合技术生命周期理论的。

第三代移动通信技术的专利主要分布在工程学、通信、计算机科学、仪器和仪表等学科领域，其中工程学和通信两个学科领域的专利数最多，分别为 16892 项和 16864 项，分别占数据总数的 99.70% 和 99.54%（一个专利可以同时归属于几个不同的学科领域，因此，专利分布的各学科领域在专利总数中所占的百分比总和大于 100%）。除此之外，计算机科学领域有 4917 项，占总数的 29.02%，仪器和仪表领域有 2850 项，占总数的 16.82%；其他学科领域的数量偏少，均不足 1%。将专利按照技术领域分为 6 个大类，分别是化学（Chemical）、计算机与通信（Computers & Communications）、药品与医学（Drugs & Medical）、电气与电子（Electrical & Electronic）、机械（Mechanical）、其他（Others）。3G 专利主要属于计算机与通信（Computers & Communications），在这一大类中 3G 专利主要集中在工程和通信两个学科领域。

根据检索的数据可以看出，3G 技术的首个专利并不是这三个公司申请的，而是1982年由Nippon Telegraph & Telephone Corp（NITE）申请的（JP58124357）专利。在这三个公司中，韩国三星公司最先于1995年申请3G技术专利（KR97055858），随后高通等公司快速跟进，全球3G专利年申请量快速增加，到2006年达到2059项的最高量，之后有所下降，这主要是因为各公司开始转向下一代通信技术或4G的研发。三家公司的专利申请的趋势与基本专利的申请趋势基本相似。但三家公司却有所不同，三星公司在20世纪末一直遥遥领先于高通公司，但进入21世纪出现了落后于高通公司的局面，一直到2003年以后又超过了高通公司；中国华为相比之下涉入3G技术的专利申请的时间较晚，始于2000年，从申请量来看远远落后于三星和高通，但华为的成长速度较快，2005年申请量（91项）超过高通的63项，到2008年3G专利的申请量（105项）领先于三星（65项）和高通（59项）。虽然有三星和高通转向下一代和4G的研发的原因，但也说明中国华为已经成长为与全球知名移动通信企业具有抗衡能力的国内通信企业。

**2. 技术结构分析**

表6.9显示，3G技术分布主要集中在H04Q、H04B、H04L、H04W、H04J等5个IPC主分类号中，H04主要是电通信技术（Electric Communication Technique），H04B主要是电信传输系统（Transmission）；H04J主要是多路复用系统（Multiplex Communication）；H04L主要是数字信息传输中的同步（Transmission of Digital Information，e. g. Telegraphic Communication）；H04Q主要是为电信号选择路线的电路（Selecting）；H04W主要是无线通信网络。高通公司的专利主要集中在H04B（5项）和H04Q（3项），其中“H04Q-007/38（Arrangements for completing call to or from mobile subscriber）”排在第一位，表明高通在3G技术领域主要关注选择技术和传输技术。三星公司的专利也主要集中在H04B（4项）和H04Q（4项），说明其主要技术和高通的研发领域相同，但三星的专利中排在第一位的IPC代码是“H04B-007/26（at least one of which is mobile）”，表明三星公司更注重传输技术。华为的专利中专利数排在第一位的IPC代码是H04Q-007/38，与高通

公司相同。华为与高通、三星不同的是 IPC 排名前 10 名中有 H04J 类，表明华为更关注通信的数据信息传输和多路复用技术。

**表 6.9 三星、高通和华为 IPC 分类号前 10 位的专利申请情况表**

**Tab. 6.9 The top 10 IPC categories of Samsung, Qualcomm and Huawei**

| IPC（高通） | 专利数 | IPC（三星） | 专利数 | IPC（华为） | 专利数 |
|---|---|---|---|---|---|
| H04Q-007/38 | 299 | H04B-007/26 | 538 | H04Q-007/38 | 288 |
| H04B-007/26 | 294 | H04Q-007/20 | 233 | H04L-012/56 | 105 |
| H04Q-007/20 | 222 | H04Q-007/38 | 218 | H04B-007/26 | 99 |
| H04B-001/707 | 167 | H04L-012/56 | 175 | H04Q-007/22 | 95 |
| H04B-007/216 | 135 | H04B-007/216 | 141 | H04L-029/06 | 81 |
| H04Q-007/00 | 134 | H04Q-007/00 | 116 | H04Q-007/20 | 80 |
| H04L-012/56 | 120 | H04L-012/28 | 108 | H04W-036/00 | 60 |
| H04B-007/005 | 112 | H04B-001/69 | 85 | H04Q-007/32 | 50 |
| H04B-007/00 | 108 | H04B-007/204 | 80 | H04J-013/02 | 46 |
| H04W-072/00 | 108 | H04Q-007/22 | 80 | H04J-013/00 | 44 |

### 3. 关键技术分析

手工代码所表征的主题是 3G 领域的关键技术，表 6.10 中三家公司的手工代码有很多是相同的，这里找出不同的手工代码来展示其各自所从事研发的关键技术的不同。

**表 6.10 三星、高通和华为手工代码前 10 位的专利申请情况表**

**Tab. 6.10 The top 10 derwent manual codes of Samsung, Qualcomm and Huawei**

| 手工代码（华为） | 专利数 | 手工代码（三星） | 专利数 | 手工代码（高通） | 专利数 |
|---|---|---|---|---|---|
| W02-C03C1G | 596 | W02-C03C1G | 1050 | W02-C03C1G | 774 |
| W01-B05A1A | 471 | W01-B05A1A | 827 | W01-B05A1A | 631 |
| W02-C03C1A | 157 | W02-C03C1A | 338 | W02-C03C1A | 280 |
| W01-A03B | 88 | W01-C05B3J | 216 | T01-S03 | 218 |
| W01-A06G2 | 66 | W02-C03C1B | 174 | W02-K05A7 | 134 |

续表

| 手工代码（华为） | 专利数 | 手工代码（三星） | 专利数 | 手工代码（高通） | 专利数 |
|---|---|---|---|---|---|
| W02-C03C1B | 66 | W02-C03C1C | 147 | W01-C01D3C | 125 |
| W01-A06C4 | 65 | W02-C03C1D | 132 | W02-C03C1C | 120 |
| W02-C03E7 | 65 | W01-A03B | 131 | W02-C03C1B | 116 |
| W02-C03C1D | 60 | W02-K05A7 | 129 | W01-C05B3J | 97 |
| W01-C05B3J | 58 | W01-C01D3C | 122 | T01-C03C | 93 |

华为与三星相比，不同的代码主要有 W01-A06G2、W01-A06C4、W02-C03E7；与高通相比，不同的代码主要有 W01-A03B、W01-A06G2、W01-A06C4、W02-C03E7、W02-C03C1D。

三星与华为相比，不同的代码主要有 W02-C03C1C、W02-K05A7、W01-C01D3C；与高通相比，不同的代码主要有 W01-A03B、W02-C03C1D。

高通与华为相比，不同的代码主要有 T01-S03、W02-K05A7、W01-C01D3C、T01-C03C、W02-C03C1C。

高通与三星相比，不同的代码主要有 T01-S03、T01-C03C。

结果显示高通与三星的关键技术相似度较高，各只有两个代码不同，除了相同的关键技术外，三星关注的是分组传输技术和无线移动切换技术；高通关注的是软件产品要求和无线链路技术；华为与高通的差别较大，各有 5 个代码不同，华为关注的是分组传输技术、存储或前向切换技术、无线链路技术、资源分配和无线移动切换技术；高通关注的是软件产品要求、直接序列扩频技术、便携技术、移动设备和无线链路技术；华为与三星的相似度也较高，有 3 个手工代码不同，三星关注的是便携技术、直接序列扩频技术和移动设备。前 3 个相同的手工代码中三星的专利数量都高于高通和华为，三家公司中华为的数量最少。

**4. 重要基础专利的引证分析**

当一件专利被频繁引用时，那么该专利很可能包含一种重要的技术发展趋势。表 6.11 显示，高通申请的专利的被引次数遥遥领先，最高达到 119

次，该专利的标题是“Multi-input multi-output（MIMO）system with independent sub-channels uses Channel State Information（CSI）to process data prior to transmission”，是3G技术向后演进的关键技术。高通公司被引专利的前7名的被引次数（第7名的被引次数54次）都高于三星的被引专利的最高次数（47次），表明了高通公司在3G技术专利领域的重要地位；其申请的专利技术是3G的关键技术和前沿技术，也表明高通公司的3G专利技术的原创性很高。中国华为虽然在专利申请量上已经具有一定的实力，但是在专利的被引频次上却远远落后于高通和三星，最高的被引次数才达到11次，前10名被引专利的总被引次数才87次，这表明我国的通信企业在专利方面，与国外的知名公司相比还有很大差距。三星被引次数最高的专利的标题是“High-speed packet data transmission method in CDMA mobile communication system，involves spreading high-speed packet data with spreading code in control information transmitted over shared control channel”（EP1248485）；华为被引次数最高的专利的标题是“Method for private cell reselection of user equipment，involves performing private cell reselection search by user equipment，when user equipment is in proximity to private base station”（WO2008131591）。

**表6.11　三星、高通和华为被引频次前10名的专利列表**

**Tab. 6.11　The top 10 cited patents of Samsung，Qualcomm and Huawei**

| 三星被引专利号 | 被引次数 | 高通被引专利号 | 被引次数 | 华为被引专利号 | 被引次数 |
|---|---|---|---|---|---|
| EP1248485 | 47 | WO200278211 | 119 | WO2008131591 | 11 |
| EP1511245 | 41 | WO200265664 | 82 | WO2006034656 | 11 |
| KR2004040261 | 39 | WO200293819 | 75 | WO2005034544 | 11 |
| EP1509056 | 37 | WO200299995 | 70 | WO2006040653 | 10 |
| US2003022659 | 36 | WO200285061 | 63 | CN1625152 | 8 |
| US2002071407 | 36 | WO200293948 | 61 | WO200241528 | 8 |
| EP1372350 | 34 | WO2003096600 | 54 | WO2008154865 | 7 |
| KR2003043426 | 33 | US2004131007 | 46 | WO2006026920 | 7 |
| WO200239623 | 33 | US2004176024 | 45 | WO2006010327 | 7 |
| US2003117969 | 31 | WO200239595 | 45 | CN1505416 | 7 |

根据H指数的定义和H指数的计算方法以及三星、高通和华为三家公司的专利被引次数统计，计算出高通的H指数最高，其H指数为33，三星的H指数为24，而华为的H指数却仅为7。表明无论按照被引次数还是H指数来评价，高通公司的专利的影响力在三家公司中最高，华为最低。

## 三、专利竞争战略的确立

通过以上三家通信企业专利的定量分析与比较，结果显示，以华为为首的中国通信企业在专利竞争上，与国际知名的通信企业相比还存在较大的差距，在专利数量和基础专利等方面存在弱势和不足。因此，中国通信产业的发展急需构建合理、有效的专利竞争战略。

所谓“专利竞争战略”，就是增强自主创新能力的一系列创新活动。自主创新是指通过拥有自主知识产权的独特的核心技术，以及在此基础上实现新产品的价值的过程，主要有原始创新、集成创新和二次创新三大种类[123]。另外，专利技术联盟的组建既有利于自主创新，也会在一定程度上阻碍技术进步与技术创新。如何降低其阻碍技术创新的消极影响，发挥其有利于技术创新的积极影响，是中国等发展中国家的企业亟须解决的难题，因此，应将专利联盟战略确定为专利竞争战略之一。

### 1. 原始创新的专利战略

“创新”一词起源于熊彼特1912年所著的《经济发展概论》一书中，20世纪60年代，华尔特·罗斯托将“创新”发展为“技术创新”[124]。原始创新是指前所未有的重大科学发现、技术发明、原理性主导技术等创新成果[125]。集成创新是把已有技术单项有机地结合起来，融会贯通，构成一种新产品或经营管理方式，创造出新的经济增长点。其目的是有效集成各种要素，以创造更大的经济效益。在移动通信领域，虽然华为、中兴等中国通信企业的专利申请情况已经赶超了科技强国（美、日）的通信企业，但是从三星、高通、华为的基础专利的被引次数和H指数比较结果来看，华为的被引次数和H指数均较低，这一结果表明中国通信企业的原始创新和集成创新的能力较弱，所掌控的移动通信的核心技术较少，这势必影响我国通信企业的长期发展。

因此，中国通信企业在继续加强基础专利申请的同时，应实施自主创新战略，努力提高原始创新能力和集成创新能力，依托国内科研机构和院所进行通信技术的原始创新和集成创新，研发出拥有自主知识产权的移动通信专利技术，增强中国移动通信技术专利的影响力。在政策层面上营造有利于原始创新和集成创新的政策环境，在创新目标上努力实现移动通信关键技术的集成创新与突破，在创新方式上注重重大产品和新型技术的原始创新和集成创新，在创新体制上整体推进国家移动通信领域的创新体系的构建，在战略重点的选择上实施移动通信企业原始创新和集成创新战略。

**2. 二次创新的专利战略**

二次创新也是一种实现自主创新的技术创新形式，是相对于原始创新而言的，是指在引进、消化和吸收国外先进技术的基础上进行技术创新，研发出具有自主知识产权的新技术。二次创新是一个由量变到质变的创新过程，也是提高自主创新能力的重要途径[126]。从国际通信企业的专利情况比较来看，韩国和日本企业在通信领域的专利申请数量和影响力方面都较高，甚至超过美国高通。主要原因是日、韩两国是二次创新的典型国家，移动通信技术领域也是如此，在日、韩的通信技术专利中二次创新的专利比重较大，韩国的三星公司就是一个二次创新成功的典范。因此，中国通信企业应该在原始创新和集成创新的基础上，借鉴日、韩通信企业的专利竞争战略模式，制定和实施二次创新专利竞争战略，在模仿、消化吸收和改进他人专利的基础上进行二次创新，并就二次创新的成果及时申请专利。因此，中国移动通信企业采取二次创新战略，进行通信技术的研发与创新，提高创新能力和专利的影响力，是现有条件下最可行、最有效的战略选择。

**3. 专利联盟的竞争战略**

专利联盟是企业之间基于共同的战略利益而结成的联盟，专利联盟对内实现交叉许可，对外实施联合许可[127]。中国的移动通信企业虽然在专利数量和核心技术上已经具有了一定的优势，但是随着标准的国际化、专利的标准化，其在通信技术领域的国际竞争力尚显不足，尤其是国际技术标准组织的成立、专利池的出现、专利联盟的组建等，对我国移动通信企业的通信技术自主创新都会带来挑战和阻碍。据统计，截至2009年年底，31个国外专利联盟中，中国（华为）只是专利联盟WiMax的联盟成员，而日本、美国和韩国分别拥有22个、19个和17个专利联盟的成员资格。因此，中国移动通信企业必须实施专利联盟竞争战略：在国内范围内，联合移动通信企业共同组建通信技术专利联盟，共同制定通信产业的技术标准，加强企业间的技术合作与共享，进行移动通信核心技术的创新，用专利来保护联盟的利益和技术优势，也可以共同抵制国际上跨国公司的技术威胁，由单打独斗的单个专利竞争战略转向专利池的专利组合的竞争战略；在全球范围内，国内通信企业可以根据专利联盟的进攻性和防御性特点，积极加入国际技术标准组织、技术标准联盟或技术专利联盟，降低中国通信企业与国际通信跨国公司的正面技术竞争，提高中国通信企业在国际通信技术领域的地位和作用，并巧借外力实现技术的自主创新。

# 第七章　结论与研究展望

## 第一节　研究结论

本书在卡龙的共词分析和知识计量的理论基础上，基于知识单元的游离与重组，构建了专利技术主题结构的理论框架和分析模型，综合运用共词分析、聚类分析、战略坐标分析和社会网络分析等方法，以第三代移动通信技术为例分析专利技术主题结构及其变化。虽然不能全面貌揭示专利技术主题的结构特征及其变化，但基本能通过知识网络进行客观展示。专利技术主题结构的静态和动态分析的具体分析思路及结论如下：

（1）在知识计量的理论基础上，构建了基于专利文献的专利技术主题结构分析的理论基础和分析模型，阐述了专利技术主题结构的形成机理和分析路径。首先，界定了知识计量的相关概念，如知识单元、知识群落、知识链索；在此基础上，界定专利技术主题结构的相关概念，如技术术语、技术主题和强链接。其次，运用 CiteSpace 信息可视化软件，从第三代移动通信技术领域的专利文献数据的标题和摘要中抽取技术术语，并以余弦指数值构建技术术语共现矩阵；运用卡龙的聚类分析原则和方法划分聚类，即生成专利技术主题。最后，构建了专利技术主题结构分析的指标和分析方法。

本书主要从位置和关系两个维度揭示某一技术领域的专利技术主题结构特征及其变化。因此，在分析中需要构建相应的矩阵：①根据从专利文献的标题和摘要中提取出来的技术术语，分别构建 1994—2010 时段、1994—2003 时段、2004—2005 时段、2006—2007 时段和 2008—2010 时段的技术术语共现矩阵；②在技术术语共现矩阵和聚类划分的基础上，构建一个聚类内的技术术语的共现矩阵以及一个聚类内的技术术语与其他技术术语之间的共现矩阵，分别用来计算专利技术主题的内联度和外联度，绘制展示专利技术主题象限结构的战略坐标图；③在聚类划分的基础上，分别构建一个聚类与其他聚类的关联矩阵，用于计算专利技术主题间的关联强度；④在计算出来的专利技术主题间的关联强度的基础上，分别构建各时段的专利技术主题关联矩阵，用于绘制专利技术主题关联结构图谱；⑤基于最大外联度指标的计算与比较，分别找出每个聚类中最大外联度的技术术语，依据各时段的技术术语共现矩阵，构建出各时段的最大外联度的技术术语共现矩阵，用于识别专利技术主题的强链接，绘制专利技术主题强链接结构图。

（2）以第三代移动通信技术领域的专利文献数据为例，运用战略坐标分析方法，绘制出专利技术主题的新颖度和关注度战略坐标图、外联度和内联度战略坐标图。分别展示新颖度高、关注度高、新颖度和关注度都较高、外联度高、内联度高、外联度和内联度都较高的专利技术主题，并对两对指标的专利技术主题的象限结构进行比较。继而以外联度和内联度为指标，对专利技术主题的象限结构进行动态分析。分析结果显示，第三代移动通信技术领域的专利技术主题的象限结构与各时段关注的核心技术密切相关，主要是围绕着3G的核心技术以及通信技术间的相互影响和相互匹配进行研究。随着研发热点的转移，技术术语的共现关系和共现强度必然发生变化，在移动通信技术的不同发展阶段，技术术语的共现关系和共现强度有着显著的区别。如基站是通信系统和网络中的重要部分，基站的天线技术、扩频技术和传输技术等都随着基站技术的发展而完善。四个时段的核心专利技术主题的稳定性和向外扩散能力都较高，因此不易被解散，在专利技术主题的原有构成基础上，不断补充新的知识单元，替换原有的知识单元。从分析结果来看，中间两个时段的核心专利技术主题有所增加，表明这两个时段是3G通信技术研发的高峰时期，出现了新的专利技术主题，也会因为原有的专利技术主题不再是3G技术研发的热点而被新的专利技术主题所替代，从而导致专利技术主题的知识网络发生变化。

（3）以社会网络分析理论为基础，依据构建的专利技术主题关联结构的分析模型，以知识网络图谱的方式展示专利技术主题的关联结构。分析结果显示，中间中心度较高的专利技术主题是第三代移动通信技术领域知识网络的核心，这些专利技术主题与其他专利技术主题的链接构成了知识网络的主要骨架结构。随着第三代移动通信技术研发的不断深入，专利技术主题的关联结构越来越复杂，但核心专利技术主题之间的关联关系和强度基本稳定，专利技术主题的中间中心度有一定的波动。随着 3G 技术领域新的专利技术主题的涌现，专利技术主题之间形成新的关联关系，专利技术主题间的关联强度越来越强，专利技术主题之间的链接越来越广泛。通过不同时段的专利技术主题关联结构的比较，可以观察出专利技术主题的继承和累积以及专利技术主题的更新。随着新的专利技术主题的不断加入，专利技术主题的关联结构始终处于动态变化之中。

（4）依据构建的专利技术主题强链接的识别框架和识别方法，以第三代移动通信技术领域的专利文献数据为例，对专利技术主题强链接结构进行静态和动态分析。分析结果显示，形成强链接的专利技术主题之间具有进一步融合和交叉形成新的专利技术主题的趋势。专利技术主题强链接结构的不同时段比较，展示了不同时段的专利技术主题强链接结构中的同一个技术术语在链接中的重要性，以及在不同时段该技术术语的外部链接能力。整个时段的专利技术主题强链接结构与不同时段的专利技术主题强链接结构的比较，展示了整个时段的专利技术主题强链接结构中的关键技术术语在不同时段的链接能力的动态变化。在强链接结构图中，相邻的专利技术主题会随着链接强度的增强融合为新的专利技术主题，也会因为链接强度的变化，改变其在强链接结构图中的顺序和位置，更会因为关键的技术术语的链接强度的变化，形成新的专利技术主题。

## 第二节 研究不足

本书主要运用专利计量指标和方法对技术领域的专利文献数据进行计量

研究，所用的数据库和分析方法都是国内外比较成熟的，但任何数据库和分析方法都存在一定的缺陷和不足。笔者虽然对数据进行了标准化处理，也对分析方法进行了补充和完善，但仍可能存在一定的不足和缺陷。但这些缺陷和不足不会影响本书计量分析的结果，反而会促使我们不断思考如何改进和完善，使文献计量分析结果更加客观。

(1) 本书虽然对已有的共词聚类分析进行了补充和完善，但仍存在一些缺陷和不足，这也正是目前国内外专家和学者正在不断讨论的问题：如对高频词数量的选择没有统一标准，均是通过经验阈值的设置来确定高频主题词的，这会对主题词聚类的客观性带来一定的影响。本书所采用的卡龙的共词聚类分析的原则和方法，虽然解决了其他共词聚类方法存在的一些问题，如聚类缺乏明确的聚类核心、弱势类团得不到有效的生成等，但从目前国内外的研究来看，如何降低或消除共词聚类方法的主观性仍是一个艰巨的课题，随着程序设计的不断改进和计算机技术的应用，共词分析法在文献分析上前景还是广阔的。

(2) 在专利技术主题关联结构和强链接结构的分析中，为了清晰展示专利技术主题间的结构特征及其变化，忽略了专利技术主题之间的弱链接，只将专利技术主题之间的强链接作为主要分析对象，可能会忽略掉一些重要的弱链接，尤其是一些具有结构洞特征的链接，这将是今后可以关注的一个研究方面。

(3) 文献计量学的另一主要方法是共被引分析方法，由于专利数据挖掘技术尤其是专利数据的转换技术尚不成熟，因此专利文献的共被引分析目前在国内外的研究仍在探索中，还没有较好的分析手段和转换技术的出现；大连理工大学的科学学与科学技术管理研究所 WISE 实验室的刘盛博等博士正致力于该方面的研究，这也正是本书没有采用共被引分析方法进行分析的主要因素，也将是今后研究中着重解决的问题。应该联合计算机方面的专业人士组织开发相应的分析软件和成熟的转换技术。

# 第三节　研究展望

针对本书尚存的不足和需进一步研究的问题，期待在今后的研究中予以改进：

(1) 继续钻研和实际运用共词分析方法和聚类分析方法，探寻两种分析方法的改进和完善，增加高频主题词选择的客观性、改进聚类的算法与策略，对聚类结果划分进行弹性处理，对聚类结果进行创新分析等，尽量减少和避免共词聚类分析方法中的缺陷和不足。

(2) 在未来的研究中，将尝试运用 CiteSpace 可视化软件的算法与功能，对科学技术领域的专利文献的专利共（被）引进行可视化分析，从新的视角来分析专利技术的演进和专利技术主题的结构及其变化；在分析软件和分析方法具备的条件下，对结构洞相关问题进行分析和研究。

(3) 本书以第三代移动通信技术领域的专利文献为例，从知识网络视角对专利技术主题的结构进行分析，同样也适用于其他技术领域。今后将在不断改进和完善分析方法的同时，把本书所用的分析方法运用于其他技术领域，分析其他技术领域的专利技术主题的结构特征及其变化等问题，揭示科学技术发展中的各技术领域的知识结构的发展变化和趋势；也可以尝试将两个或更多密切相关的技术领域一起进行计量研究，揭示出两个或更多技术领域的相关性，以及预测其相互交叉与融合后形成的新兴技术领域。

# 参考文献

[1] 李正风．科学知识生产方式及其演变［M］．北京：清华大学出版社，2006.

[2] 秦勇，冯记春．浅谈科技管理创新［J］．科学学与科学技术管理，2001，22（5）：5～6.

[3] 王续琨，侯剑华．知识计量学的学科定位和研究框架［J］．大连理工大学学报（社会科学版），2008（3）：50～54.

[4] 刘则渊，陈悦，侯海燕，等．科学知识图谱：方法与应用［M］．北京：人民出版社，2008.

[5] JENSEN E W. Technology Topics-diamond Compounds for Fine Polishing［J］．Semiconductor Products and Solid State Technology，1966，9（11）：10.

[6] ELSAYED K，LERNER M. Topics in Internet Technology：IP in 2005-Directions in Wireless and Optical Transport［Guest Editorial］［J］．Communications Magazine，IEEE，2001，39（1）：135.

[7] ETEMAD K，RIEGEL M. Topics and Updates on 4G Technologies［Series Editorial］［J］．Communications Magazine，IEEE，2010，48（8）：38～39.

[8] CALMANO W. Topics of Water Sciences and Technology［J］．Environmental Science and Pollution Research，2004，11（2）：126～133.

[9] 段运．纳米技术主题领域网络信息增长模型研究［J］．中华医学图书情报杂志，2010（6）：62～64.

[10] 陈省平．科研管理过程中的"集成"与"结合"：以"863"计划海洋生物技术主题为例［J］．研究与发展管理，2001，13（5）：72～74.

[11] 邬贺铨．"863"计划通信技术主题的回顾与展望［J］．电信科学，2001，17（2）：5～7.

[12] 王柏义．"863"通信技术主题的发展历程［J］．电信科学，2001，17（2）：48～52.

[13] 王凌燕，方曙，季培培．利用专利文献识别新兴技术主题的技术框架研究［J］．图书

情报工作，2011，55（18）：74～78.

[14] 林瑞明，李万辉，于海洋．台湾 LED 技术专利数据挖掘分析［J］. 情报探索，2011（3）：59～63.

[15] 陈云伟，方曙．专利权人关联网络的社会网络分析方法研究［J］. 图书情报知识，2011（3）：58～66.

[16] 唐恒，桂勇，霍冠禹．国内外光伏产业专利情报分析［J］. 情报杂志，2011，30（11）：21～27.

[17] 王义刚，王智勇，孟东．我国石油开采设备领域专利技术现状与发展建议［J］. 中国发明与专利，2012（2）：54～57.

[18] 杨祖国，李文兰．中国专利被专利文献引用的主题分析［J］. 情报科学，2006，23（12）：1845～1851.

[19] 冯昌波．转基因动物专利研究［D］．北京：中国政法大学，2011.

[20] 罗璇．基于数据挖掘技术的专利信息分析及应用研究［D］．北京：首都经济贸易大学，2011.

[21] GARFIELD E. Citation Indexes for Science［J］. Science，1955（122）：108～111.

[22] PRICE D J. Networks of Scientific Papers［J］. Science，1965（149）：510～515.

[23] BROOKES B C. The Foundations of Information Science［J］. Journal of Information Science，1981，3（1）：3～12.

[24] BECKMANN M J. Economic Models of Knowledge Networks：in NetWorks in Action［M］. New York：Springer-Verlag BerIin Heidelberg，1995.

[25] 蒋恩尧，侯东．基于 MIS 平台的企业知识网络的组建［J］. 商业研究，2002（17）：36～37.

[26] 郝云宏，李文博．国外知识网络的研究及其新进展［J］. 浙江工商大学学报，2007（6）：70～75.

[27] 张丽妮．基于 Know-Net 的知识管理研究［J］. 现代情报，2004，24（5）：201～202.

[28] 席运江，党延忠．基于知识网络的专家领域知识发现及表示方法［J］. 系统工程，2005（8）：110～115.

[29] 赵蓉英，邱均平．知识网络研究（Ⅰ）——知识网络概念演进之探究［J］. 情报学

报，2007，26（2）：198～209.

［30］MANE K K，BÖRNER K. Mapping Topics and Topic Bursts in PNAS［J］. Proceedings of the National Academy of Sciences of the United States of America，2004，101（1）：5287～5290.

［31］马费成，郝金星．概念地图在知识表示和知识评价中的应用（Ⅰ）——概念地图的基本内涵［J］. 中国图书馆学报，2006，32（3）：5～9.

［32］马费成，郝金星．概念地图在知识表示和知识评价中的应用（Ⅱ）——概念地图作为知识评价的工具及其研究框架［J］. 中国图书馆学报，2006，32（4）：22～27.

［33］马费成，郝金星．概念地图及其结构分析在知识评价中的应用（Ⅲ）：实证研究［J］. 中国图书馆学报，2006，32（5）：9～16.

［34］BARABÂ si A L，JEONG H，NÉDA Z，et al. Evolution of the Social Network of Scientific Collaborations［J］. Physica A：Statistical Mechanics and its Applications，2002，311（3）：590～614.

［35］席运江，党延忠，廖开际．组织知识系统的知识超网络模型及应用［J］. 管理科学学报，2009，12（3）：12～21.

［36］刘向，马费成，陈潇俊，等．知识网络的结构与演化——概念与理论进展［J］. 情报科学，2011，29（6）：801～809.

［37］WATTS D J，STROGATZ S H. Collective Dynamics of "Small-World" Networks［J］. nature，1998（393）：440～442.

［38］BARABÁ SI A L，ALBERT R. Emergence of Scaling in Random Networks［J］. Science，1999（286）：509～512.

［39］刘则渊，尹丽春．国际科学学主题共词网络的可视化研究［J］. 情报学报，2006，25（5）：634～640.

［40］LAMBIOTTE J G，DANSEREAU D F，CROSS D R，et al. Multirelational Semantic Maps［J］. Educational Psychology Review，1989，1（4）：331～367.

［41］BUZAN T，BUZAN B. The Mind Map［M］. New York：Pearson Education，1996.

［42］王晓光．科学知识网络的形成与演化（Ⅰ）：共词网络方法的提出［J］. 情报学报，2009，28（4）：599～605.

[43] 赵蓉英．知识网络研究（Ⅱ）——知识网络的概念、内涵和特征［J］．情报学报，2007，26（3）：470～476.

[44] 赵蓉英，张洋，邱均平．知识网络研究（Ⅲ）——知识网络特征探析［J］．情报学报，2007，26（4）：583～587.

[45] 王晓光．科学知识网络的形成与演化（Ⅱ）：共词网络可视化与增长动力学［J］．情报学报，2010，29（2）：314～322.

[46] KIRSCH G J，XIA T T. The Changing Roles of Patent and Copyright Protection for Software and Communication Technology in the Internet Age［Z］. 16th International-Federation-for-Information- Processing World Computer Congress（IFIP 2000）/ Annual Conference of TC11（SEC 2000），Beijing，Peoples R China：Information Security for Global Information infra Structures，2000：1，431～440.

[47] IVANOVICH M，FITZPATRICK P. Throughput Metrics in Beyond 3G Wireless Systems with Complex Rate Variability and QoS［Z］. 19th IEEE International Symposium on Personal，Indoor and Mobile Radio Communications，Cannes，FRANCE：2008 IEEE 19th International Symposium on Personal，Indoor and Mobile Radio Communications，2008：1，1152～1156.

[48] GARG K C，PADHI P. Scientometric Study of Laser Patent Literature［J］. Scientometrics，1998，43（3）：443～446.

[49] DAIZADEH I. An Intellectual Property-Based Corporate Strategy：An R&D Spend，Patent，Trademark，Media Communication，and Market Price Innovation Agenda［J］. Scientometrics，2009，80（3）：731～746.

[50] ZHENG J，ZHAO Z，ZHANG X，et al. Industry Evolution and Key Technologies in China Based on Patent Analysis［J］. Scientometrics，2011，87（1）：175～188.

[51] 巫晓倩．爱立信公司在中国的专利布局状况分析［J］．电子知识产权，2007（1）：57～60.

[52] 巫晓倩．三菱公司在中国的专利申请状况分析［J］．电子知识产权，2005（10）：58～61.

[53] 巫晓倩．诺基亚公司在中国的专利申请状况分析［J］．电子知识产权，2005（7）：

56～59.

[54] 史兴东．中国通信企业专利申请战略应加速进入转型期 [J]．移动通信，2010（23）：64～66.

[55] 王雷．专利对中国通信产业的影响和意义 [J]．移动通信，2010（1）：27～31.

[56] 徐敏．我国移动通信市场发展的专利视角 [J]．江苏通信，2010（4）：35～37.

[57] 文嫣，赵艳．全球价值链治理中的技术标准研究——以移动通信产业为例 [J]．地域研究与开发，2008，26（6）：6～12.

[58] 詹爱岚，王小勇．欧盟视野下的移动通信产业标准与专利策略——以 GSM 和 UMTS 标准中的企业战略为实证 [J]．知识产权，2007，17（1）：42～47.

[59] 韩梅，王忠敏．基于专利许可与专利池的技术标准研究 [J]．太原师范学院学报（社会科学版），2010，9（1）：61～63.

[60] 刘鹏．通用电气公司专利计量分析 [J]．图书情报工作，2002（12）：65～68.

[61] 姜慧敏．基于对比分析法的中美移动通信产业专利情报分析 [J]．情报科学，2010（12）：1837～1840.

[62] 栾春娟．基于专利计量与可视化手段的技术前沿探测——以波音公司为例 [J]．情报理论与实践，2009（8）：68～71.

[63] 栾春娟，尹爽．全球 3G 领域专利计量及中国的机遇与挑战 [J]．技术与创新管理，2009（6）：729～ 732.

[64] 唐健辉，叶鹰．3G 通讯技术之专利计量分析 [J]．图书与情报，2009（6）：70～73.

[65] HE Z L，LIM K，WONG P K. Entry and Competitive Dynamics in the Mobile Telecommunications Market [J]．Research Policy，2006，35（8）：1147～1165.

[66] 余翔，詹爱岚．我国移动通信产业技术创新战略实证研究——以专利情报为视角 [J]．情报学报，2008，27（3）：431～437.

[67] BORGATTI S P，EVERETT M G，FREEMAN L C. Ucinet 6.0 Version 1.00. Natick [DB/CD]．MA：Analytic Technologies，1999.

[68] 刘则渊．赵红州与中国科学计量学 [J]．科学学研究，1999，17（4）：104～109.

[69] 刘则渊，冷云生．关于创建知识计量学的初步构想 [C] //王战军，蒋国华．科研评价与大学评价：第二届科研绩效定量评价国际学术会议暨第六次全国科学计量学与

情报计量学年会论文集．北京：红旗出版社，2001：401～405.

[70] 刘则渊，刘凤朝．关于知识计量学研究的方法论思考 [J]．科学学与科学技术管理，2002，23 (8)：5～8.

[71] 王晰巍．知识供应链构建模式及运行机制研究 [D]．长春：吉林大学，2006.

[72] 刘建国．复杂网络模型构建及其在知识系统中的应用 [D]．大连：大连理工大学，2006.

[73] 顾东蕾．论学科知识网络的理论基础 [J]．图书情报工作，2009，52 (9)：32～35.

[74] 李喜岷．论知识场动力学及其定量研究问题 [J]．科学学与科学技术管理，2002，23 (8)：18～20.

[75] 马大川，马越．信息有序的理论框架 [J]．情报理论与实践，2006，29 (6)：677～680.

[76] SMALL H. Co-citation in the Scientific Literature：A New Measure of the Relationship Between two Documents [J]. Journal of the American Society for Information Science，1973，24 (4)：265～269.

[77] MARSHAKOVA I V. System of connections Between Documents Based on References (as the Science Citation Index) [J]. Nauchno-Tekhnicheskaya Informatsiya，Seriya，1973，6 (2)：3～8.

[78] CALLON M，COURTIAL J P，TURNER W A，et al. From Translations to Problematic Networks：An Introduction to Co-word Analysis [J]. Social Science Information，1983，22 (2)：191～235.

[79] LAW J，BAUIN S，COURTIAL J P，et al. Policy and the Mapping of Scientific Change：A Co-word Analysis of Research into Environmental Acidification [J]. Scientometrics，1988，14 (3)：251～264.

[80] BÖRNER K，CHEN C，BOYACK K W. Visualizing Knowledge Domains [J]. Annual Review of Information Science and Technology，2003，37 (1)：179～255.

[81] GARFIELD E. Citation indexes in Sociological and Historical Research [J]. American Documentation，1963，14 (4)：289～291.

[82] TSAY M，XU H，WU C. Journal Co-citation Analysis of Semiconductor Literature

[J]. Scientometrics，2003，57 (1)：7～25.

[83] BASSECOULARD E，ZITT M. Indicators in a Research Institute：A Multi-level Classification of Scientific Journals [J]. Scientometrics，1999，44 (3)：323～345.

[84] LEYDESDORFF L. Clusters and Maps of Science Journals Based on Biconnected Graphs in [J]. Journal of Documentation，2004，60 (4)：371～427.

[85] LEYDESDORFF L. Top-down Decomposition of the Journal Citation Reportof the Social Science Citation Index：Graph and Factor-analytical approaches [J]. Scientometrics，2004，60 (2)：159～180.

[86] BOYACK K W，KLAVANS R，BÖRNER K. Mapping the Backbone of Science [J]. Scientometrics，2005，64 (3)：351～374.

[87] 陶勇，刘思峰，方志耕，等．高校学科建设网络中知识流动效应的测度 [J]. 统计与决策，2007 (17)：37～38.

[88] 丁蔚，倪波．知识管理思想的起源——从情报学的发展看知识管理 [J]. 图书情报工作，2001 (1)：23～27.

[89] 刘植惠．知识基因理论的由来、基本内容及发展 [J]. 情报理论与实践，1998，21 (2)：71～76.

[90] 梁永霞．引文分析学的知识计量研究 [D]．大连：大连理工大学，2009.

[91] BROWN A R R. Structure and Function in Primitive Society：Essays and Addresses [M]. New York：Free Press，1952.

[92] WELLMAN B，BERKOWITZ S D. Social Structures：A Network Approach [M]. Cambridge，England：Cambridge University Press，1988.

[93] GRANOVETTER M S. The Strength of Weak Ties [J]. American Journal of Sociology，1973，78 (6)：1360～1380.

[94] HANSEN M T. The Search-Transfer Problem：The Role of Weak Ties in Sharing Knowledge Across Organization Subunits [J]. Administrative Science Quarterly，1999，44 (1)：82～111.

[95] BOURDIEU P. The Forms of Capital [J]. Handbook of Theory and Research for the Sociology of Education，1986：241～258.

[96] COLEMAN J S. Social Capital in the Creation of Human Capital [J]. American Journal of Sociology，1988，94 (S1)：95～120.

[97] BURT R S. Structural Holes：The Social Structure of Competition [M]. Boston：Harvard University Press，1992.

[98] NADEL S F，FORTES M. The Theory of Social Structure [M]. Cohen & West London，1957.

[99] WHITE H C. An Anatomy of Kinship：Mathematical Models for Structures of Cumulated Roles [M]. Prentice-Hall Englewood Cliffs，NJ，1963.

[100] BOTT E. Family and Social Network：Roles [M] //Norms，and External Relationships in Ordinary Urban Families，London：Tavistock Publications，1957.

[101] LORRAIN F，WHITE H C. Structural Equivalence of Individuals in Social Networks [J]. Journal of Mathematical Sociology，1971，1 (1)：49～80.

[102] BURT R S. Corporate Profits and Cooptation：Networks of Market Constraints and Directorate Ties in the American Economy [M]. New York：Academic Press，1983.

[103] BURT R S. Social Contagion and Innovation：Cohesion Versus Structural Equivalence [J]. American journal of Sociology，1987：1287～1335.

[104] 肖鸿. 试析当代社会网研究的若干进展 [J]. 社会学研究，1999 (3)：1～11.

[105] 庞杰. 知识流动理论框架下的科学前沿与技术前沿研究——以太阳能电池领域的计量研究为例 [D]. 大连：大连理工大学，2011.

[106] 赵红州，蒋国华. 知识单元与指数规律 [J]. 科学学与科学技术管理，1984，1 (9)：39～41.

[107] 文庭孝. 知识单元的演变及其评价研究 [J]. 图书情报工作，2007，51 (10)：72～76.

[108] 徐荣生. 知识单元初论 [J]. 图书馆杂志，2001，20 (7)：2～5.

[109] 路甬祥. 规律与启示——从诺贝尔自然科学奖与20世纪重大科学成就看科技原始创新的规律 [J]. 西安交通大学学报（社会科学版），2000，20 (4)：3～11.

[110] 姜春林，刘则渊，姜照华. 知识群的知识流量计量及其动力学模型 [J]. 科学学与

科学技术管理，2010 (2)：82～85.

[111] 于鸣镝．知识重组随想（之二）[J]．图书馆学刊，2004，26 (3)：1～2.

[112] 王晓光．基于社会网络的知识转移研究 [D]．武汉：武汉大学，2007.

[113] ONYANCHA O B，OCHOLLA D N. Is HIV/AIDS in Africa Distinct? What Can we Learn From an Analysis of the Literature? [J]. Scientometrics，2009，79 (2)：277～296.

[114] POPPER K. R. 客观的知识：一个进化论的研究 [M] //舒炜光，卓如飞，周柏乔，等译．上海：上海译文出版社，1987.

[115] FREEMAN L C. Centrality in Social Networks Conceptual Clarification [J]. Social Networks，1979，1 (3)：215～239.

[116] 冯璐，冷伏海．共词分析方法理论进展 [J]．中国图书馆学报，2006 (2)：88～92.

[117] CALLON M，COURTIAL J P，LAVILLE F. Co-word Analysis as a Tool for Describing the Network of Interactions Between Basic and Technological research：The Case of Polymer Chemsitry [J]. Scientometrics，1991，22 (1)：155～205.

[118] 谢彩霞，梁立明，王文辉．我国纳米科技论文关键词共现分析 [J]．情报杂志，2005，24 (3)：69～73.

[119] 刘则渊．现代科学技术与发展导论 [M]．大连：大连理工大学出版社，2003.

[120] 钱学森．论技术科学 [J]．科学通报，1957 (4)：97～104.

[121] CHEN C. Searching for Intellectual Turning Points：Progressive Knowledge Domain Visualization [J]. Proceedings of the National Academy of Sciences of the United States of America. 2004，101 (S1)：5303～5310.

[122] HIRSCH J E. An Index to Quantify an Individual's Scientific Research Output [J]. Proceedings of the National Academy of Sciences of the United States of America. 2005，102 (46)：16569～16572.

[123] 张军涛，陈蕾．基于因子分析和聚类分析的中国区域自主创新能力评价——创新系统视角 [J]．工业技术经济，2011 (4)：36～44.

[124] 房宏君，戴艳军．基于知识图谱的国际科技人力资源研究综述 [J]．科技进步与对策，2010，9 (5)：153～156.

[125] 赵丽，梁静国，苏屹．基于知识管理的大型企业原始创新研究［J］．管理现代化．2010（3）：21～23.

[126] 高文永，李铁岗．二次创新国际化研究——基于技术引进型企业技术跨越范式［J］．山东社会科学，2010（6）：135～139.

[127] 姚远，宋伟．技术标准的网络效应与专利联盟［J］．科学学与科学技术管理，2011，32（2）：29～35.

# 后 记

本书是在我的博士论文基础上修改完善而成的。

自从齐齐哈尔师范学院大学毕业后，我一直在高校从事教学和科研工作，同时为了提高自己，为了更好地教书育人，曾于1995—1996年在中国人民大学经济系助教进修班学习一年。这一年收获颇多，顾学荣、方福前等老师的教学深深地触动了我，使我从此爱上了经济学的理论学习，至今仍对经济学爱不释手。曾经也因自己的文科知识背景对所从事的教学和科研动摇过，但最终还是因为太喜欢经济学，没有放弃对经济学的学习，于2004—2006年间在东北财经大学经济学院攻读西方经济学专业的硕士学位。在此期间我从硕士导师于秋华、专业课老师王玉霞、邓春玲等老师那里学到了很多。2006年我又走进了大连理工大学管理科学与工程（科学学与科学技术管理）专业的博士研究生的行列。这对我这个文科功底的在职攻读博士学位的学生来说，是对自己的又一个挑战。虽然有一种说法叫“经济管理不分家”，但是从经济到管理毕竟又跨了一个学科。回想起七年来的奔波和忙碌，学习与探索，我心中难以平静。从博士论文的选题到开题、中期报告、预答辩和正式答辩，到获得博士学位，都不是那么一帆风顺，是在不断学习、不断探索、不断掌握新的研究方法和软件中，一步一个脚印地走过来的。当然，这一切都离不开给予我帮助的老师和同学，无以用言语表达感激之情。

我在攻读博士期间主要是对科学学和科学计量学的理论及其应用进行研究，这个学科的研究对我来说十分陌生，并没有引起我足够的兴趣，所以在选题时我很迷茫，也曾经因为选题走了很久的弯路。正当我在十字路口不知所措之际，我的导师王续琨教授及时对我的选题进行了指引，滕立、高继平等同学伸出了援助之手，由此我开始学习科学计量学，通过学习和了解，开始从事文献计量学和专利计量的一些基础研究，从此产生了浓厚的兴趣，并开始专研相关的可视化软件和研究方法。在学习和有了一些研究的基础上，我确定了博士论文的选题，学术研究成果也因为对科学计量学的研究而受益，在读博士期间就发表了 CSSCI 期刊论文 6 篇，当然博士学位论文是科学计量学研究的最大收获。现在，我虽然博士毕业了，但仍深深爱着科学计量学的研究，尤其是文献计量学和专利计量学，在教学中，将科学计量学的相关研究与教学相结合，进行了一些学术研究，并在同事和学生中传授科学计量学的相关研究，期望通过我的努力让更多的人来从事科学计量学的研究，使科学计量学的研究队伍不断壮大。

在写作并完成博士论文期间，我的导师王续琨教授给予了我无微不至的关怀和细心的指导。每当收到王老师修改的版本，看到导师的细致修改，如一个标点、一个错字、一句不通顺的语句、不规范的标引等，我的心中都充满了对王老师的崇敬和愧疚。因此，对我来说，从师于王续琨教授，不但获取了学位和科研能力，更让我这个同为人师的学生受益匪浅的是导师渊博的知识、严谨的治学态度、宽容的胸怀和崇高的人格，这将是我在今后教师生涯中受用一生的无形财富。

在博士学位论文修改期间，大连理工大学的刘则渊教授、丁堃教授、王前教授、姜照华教授、姜春林副教授、陈悦副教授、杨中楷副教授、林德明副教授、侯海燕副教授、栾春娟副教授、王海龙副教授、王贤文老师等都给予了指导和帮助，在此对他（她）们表示感谢！同时感谢 WISE 实验室的各位兄弟姐妹，特别是滕立、高继平、刘盛博、钟镇、张嶷、郭涵宁、张春博等同学，和大家一起讨论学术、共同拼搏、互相帮助，永生难忘。

在博士学位论文撰写的非常时期，我经常奔波于大连和威海之间，因此对给予我支持的张东辉院长、白锐锋院长、范其学主任、车路刚等老师表示感谢！感谢我的妻子及岳母给予我的支持和鼓励，感谢女儿对我的理解。

感谢山东大学（威海）商学院《服务经济与管理文库》编委的资助，感谢文库主编罗润东教授和文库编委吴佩林教授、刘文教授、张建波教授、白锐锋教授、梁文玲教授、孔海燕教授等编委成员。

感谢知识产权出版社对此书出版付出的努力，尤其是要对李瑾编辑在本书出版中付出的辛勤劳动和认真严谨的工作态度表示感谢。

谨以此书献给所有关心、帮助和支持我的老师、同学、领导、同事、朋友和亲人！

沈君

2014 年 3 月